辨證藥膳

맛있는 힐링

변증약선

윤옥현 · 신미혜 · 김민서
박경숙 · 조선의 · 차복란 · 김정태
이혜원 · 남상명 · 장미란
문원식 · 김봉찬

백산출판사

맛있는 힐링
변증약선

머리말

약선(藥膳)이란 말도 이제는 어렵지 않게 우리 주변에서 들을 수 있는 단어가 되었습니다. 다만 어려울 것이라는 생각 때문에 쉽게 접근하지 못할 뿐입니다. 동양의학에서 인체는 음양의 균형이 깨졌을 때 그대로 방치하면 병이 된다고 하였습니다. 음양의 균형이라고 하면 막연하게 생각되지만 신체의 부족한 부분은 채워 주고 넘치는 부분은 배출하여 몸의 균형을 잡아 신체 활동을 활발하게 하는 의미로 받아들이면 됩니다.

인체의 생리 활동은 오장을 기본으로 하는 생리현상뿐만 아니라 병리현상의 모든 변화에도 가장 큰 영향을 미친다고 볼 수 있습니다. 여러 가지 변증(辨證) 중에서 장부변증(臟腑辨證)을 위주로 하고 팔강변증(八綱辨證)과 기혈진액변증(氣血津液辨證)을 결합하여 약선(藥膳)을 만드는 것이 합리적이라 생각합니다.

세상의 모든 사물은 각자의 특성을 가지고 존재하는데 식품도 예외가 될 수 없습니

다. 식품의 특성을 파악하고 그 특성에 따라 음양 조화를 이루도록 배합하고 조리하여 제공하는 것이 약선(藥膳)의 효능을 극대화할 수 있는 최선의 방법이라 생각합니다.

이 책은 그동안 함께 공부하면서 고민하고 연구했던 여러분들과 집필하였습니다. 부족하나마 이 책을 통하여 많은 분들이 건강하고 행복한 생활을 할 수 있기 바랍니다.

이 책이 나올 수 있도록 아낌없는 노력을 해주신 한국국제음식양생협회 서울지회 회원님들과 출판관계자 여러분께 감사드립니다.

한국국제음식양생협회장 양 승

차례

Ⅰ. 기초이론편

Ⅱ. 장부변증약선

Contents

Contents

기초이론편

I

I 기초이론편

약선(藥膳)이란 말을 사용하기 시작한 지는 그리 오래되지 않았다.

그러나 그 역사는 동양의학과 함께 발전하여 왔으며 음식으로 질병을 치료한다고 하여 '식료(食療)' 또는 '식치(食治)'라고 하였다.

예를 들면 당나라 손사막(孫思邈)의 ≪천금방(千金方)≫에는 〈식치편〉이 있고, 장정의《식료본초(食療本草)》 등이 있다.

이 세상에 존재하는 모든 사물에는 각자의 특성이 있다.

그 특성으로 우리 몸의 균형을 맞춰 질병을 예방하거나 치료하는 것이 약선(藥膳)의 원리이다.

우리가 매일 먹는 식품을 이용하는 것이 바로 약선(藥膳)이다.

흔히 말하는 '약식동원(藥食同源)'은 음식이 약과 같은 효능이 있다는 뜻으로, 음식이 단순히 인체를 성장 발육시키고 신진대사를 위한 에너지원으로 사용될 뿐만 아니라 우리 몸의 균형을 유지하여 건강한 삶을 영위할 수 있는 수단으로 이용되어야 한다는 것이다.

따라서 타고난 체질이나 현재의 몸 상태를 동양의학이론을 근거로 하여 진단하고 그 결과에 따라 식품의 특성을 파악하여 체질이나 몸 상태에 맞는 식품을 선택하고 배합하여 조리하는 것이 약선(藥膳)의 기본이다.

제1절 약선 기초이론

1. 약선의 역사

1) 약선의 기원

인류는 초기 생식 위주의 식단에서 불의 사용과 함께 음식을 익혀 먹게 되면서 음식이 부드러워지고 소화 흡수가 쉬워져 위장병이 줄었을 뿐 아니라 수명이 현저하게 연장되고 건강해졌다.

수명의 연장으로 인류의 인구 수가 증가하면서 부락 간에 교류를 갖게 되어 각 부락의 독특한 식품이나 조리법이 전해짐으로 인해 음식이 다양하게 발달하였다.

이때부터 약식동원(藥食同源) 혹은 의식동원(醫食同源)의 개념이 있었음을 여러 가지 기록들로 유추할 수 있다. 이를 시대별로 나누어 살펴보자.

(1) 신석기시대

이미 약과 음식을 끓이던 그릇이 있었으며, 곡물을 발효하여 술을 만들어 약으로 사용하였다.

기록으로 보면 당시 술은 혈맥을 통하게 하고 기운을 잘 돌게 하는 약으로 많이 이용하였음을 알 수 있다.

또한 당시 사람들은 음식의 조리법이나 가공 기술이 발달하지 못하여 소화기 계통의 질환이 많고 찬 음식을 많이 먹어 사지가 찬 사람이 많아서 술이 좋은 약으로 사용되었을 것으로 보인다.

(2) 상고시대

어떤 음식을 먹으면 힘이 나고 어떤 음식을 먹으면 병이 치료된다는 것을 생활하면서 본능과 경험으로 하나씩 알아냈다.

그런 경험이 쌓이면서 약선과 의학은 동시에 발전해 왔다.

예를 들면 사슴피를 먹으면 양기가 솟고 뱀 쓸개를 먹으면 눈이 밝아진다.

이런 경험들이 약선의 기원이라고 할 수 있다.

2) 약선 명칭

약선의 명칭은《후한서 · 열녀전》에서 최초로 볼 수 있다. 당시 약선의 의미는 식양(食養), 식치(食治), 식료(食療) 등과 차이가 있다.

《후한서 · 열녀전》에 나오는 약선은 정성이 깃든 좋은 음식 정도의 의미이다.

지금 우리가 사용하는 약선은 동양의학의 이론을 바탕으로 질병을 예방하고 치료하는 보건작용의 기능성 음식을 뜻한다.

3) 약선 이론의 형성

(1) 진(秦)나라 이전 시기

노예 사회에서 봉건 사회로 진입하던 주나라 때에는 농업 생산이 확대되고, 사회, 경제, 문화가 크게 발달하였다.

춘추전국시대에는 철학, 천문학, 지리학, 의약학 등이 발전하였고, 이때부터 음양오행학설이 형성되면서 의학과 약선의 발전에 크게 기여하게 된다.

▌탕액경▐

제상 윤이라는 사람이 쓴《탕액경》에는 여러 가지 조리방법과 탕액(湯液)으로 질병을 치료한 내용이 기록되어 있다.

지금은 유실되고 없으며 진나라 때 황보밀이 쓴《갑을경》에는 윤이가《신농본초》를 이용하여 탕액을 만든 성인이라는 기록이 있다.

▌여씨춘추 · 본미▐

탕액뿐 아니라 다섯 가지 맛에 대해서도 자세히 기록되어 있는데 이는 당시부터 질병 치료에 탕액이 사용되었으며 만드는 방법도 발전하였음을 알 수 있다.

▌주례(周禮 · 天官)▐

주나라의 관직을 기록한 《주례》라는 책에는 식의(食醫), 질의(疾醫), 양의(瘍醫), 수의(獸醫)로 직책이 분할되어 있다.

그중 식의(食醫)가 바로 약선으로 황제를 치료하는 식료(食療) 의사를 말한다. 이로 보아 음식으로 치료하는 것을 가장 중요시하였음을 알 수 있다.

또한 이 책에 나오는 '백장(百醬)'이라는 단어는 여러 가지 장류를 뜻하는 것으로 간장, 된장, 두지 등을 말한다.

두지는 건위, 해독, 해표제로 사용하였으며 지금도 한방에서 사용하고 있다.

▌시경(詩經)▐

"가과(嘉果), 其實如桃, 其葉如棗, 黃華而赤柎, 食之不勞; 梨, 其 ……"

이렇게 약선을 활용한 내용이 나온다.

그 당시에 맥아를 이용하여 당을 만들었다는 기록이 있다.

▌회남자(淮南子)▐

신농씨가 하나씩 약초의 맛을 보면서 식용 가능한 식품과 약초를 찾았다.

그 성미를 알아내고 독이 있는지 없는지를 구별하여 후세에 전함으로써 약선의 기초를 마련했다고 기록되어 있다.

당시의 회남왕 유안은 이미 두부 제조법을 기록하였다.

(2) 한(漢)나라 시기

지금의 동양의학이론이 완성된 시기에 약선도 함께 발전되어 왔으며 경제, 기술, 국력이 진일보하였다.

천문학, 지리학, 역학, 광학 등 자연과학과 함께 의학이 발전된 시기이며 약선학 기초이론도 함께 형성되었다.

▌황제내경(黃帝內經)▐

동한시대에 완성된 동양의학의 경전이라고 하는 《황제내경(黃帝內經)》이 나오면서 동양의학의 이론 체계뿐 아니라 약선 이론 체계도 확립되었다.

《황제내경》은 동양의학의 기초 이론을 문답 형식으로 기술한 책으로 약선에 관한 내용도 많이 나온다.

오장과 오미 관계를 논술하였는데 오미는 음식의 맛이 주가 되는 것으로 한 가지 맛이 성하면 안 되며 조화를 이뤄야 한다고 기록되어 있다.

"味過于酸, 肝氣以津, 脾氣乃絕, 味過于鹹, 大骨氣傷, 短肌, 心氣抑……"

또한 《황제내경》에 나오는 약선 방제로는 오징어뼈환이 있다.

오징어뼈, 천초, 참새알 등을 갈아서 만든 약으로 이 환약을 전복탕에 넣어서 먹으면 혈이 마르는 병을 치료한다고 되어 있다.

▌소문 · 금궤진언문▐

"東方青色, 入通于肝, 開竅于目, 臧精于肝, 其味酸, 其畜鷄, 其穀麥." 등 오장과의 상관관계가 기록되어 있다.

▌소문 · 오장생성편▐

"心欲苦, 肺欲辛, 肝欲酸, 腎欲咸, 脾欲甜"이라고 기록되어 있다.

식품의 성미와 곡식, 육식과 오장과의 관계를 정립해서 기록함으로써 약선을 운용하는 기초 이론이 되고 있다.

▌신농본초경▐

동한 말에 완성된 《신농본초경》은 최초의 약물 전문 서적으로 총 365종의 약물이 기재되어 있는데 그중 50여 종은 식품에 속한 것이다.

예를 들면 대추, 귤, 유자, 생강, 조개, 팥, 율무, 용안육, 살구씨, 은행, 게 등이다.

▌상한잡병론▐

장중경의 《상한잡병론》에도 적지 않은 약선이 나온다.

인후염을 치료하는 데 저부탕(猪膚湯)이 효과가 있고, 산후 복통에는 당귀생강、양고기탕이 좋다고 나와 있으며, 그 밖에 계지탕, 백합계자황탕 등 응용할 수 있는 여러 가지 약선들이 기재되어 있다.

(3) 진(晋)나라 시기

삼국으로 분열된 후 진왕조가 건립되어 당나라시대까지 정치가 비교적 안정되고 경제와 의학의 발달이 빨랐던 시기로 약선학도 양생학이 발달하면서 많은 발전을 이룬 시기다.

▌주후방▐

갈홍의 《주후방》에 식품 금기 사항이 기재되어 있다.

"양간(羊肝)과 오매(烏梅)를 같이 먹으면 안 되고, 천문동과 잉어를 같이 먹으면 안 되며 ……" 등 식품 섭취할 때 금해야 할 것들이 기록되어 있다.

"갑상선종에는 해초로 치료하고, 야맹증에는 양간으로 치료하고, 당뇨병은 돼지 이장으로 치료하고 ……" 등이 기록되어 있다.

▌식경▐

이 시기에 《식경》이라는 약선 최초의 전문 서적이 있었으나 지금은 유실되고 전해지지 않는다.

그러나 그 내용은 다른 책에 조금씩 기록되어 전해져 내려온다.

(4) 당(唐)나라 시기

당나라 시기에는 정치, 경제, 문화, 의학이 안정되었으며 양생학 또한 크게 발전을 이루어 걸출한 인물들이 많이 배출되었다. 따라서 약선학도 전문서적이 나오기 시작하였다.

▌신수본초▐

당나라 정부에서 발행한 약물 전문 서적인 《신수본초》는 약선 전문 서적은 아니지만 약선에 널리 쓰이는 동물, 어류, 과일, 채소, 쌀 등의 효능이 자세히 기록되어 있다.

▌천금방▐

이 시기의 유명한 의사이면서 양생학자인 손사막은 그의 저서 《천금방》에 〈식치(食治)편〉이라는 약선 전문편을 두어 식품의 성미, 효능, 치료 등을 기록하였는데 이것이 현존하는 최초의 약선편으로 약선을 전문화하는 데 기여하였다.

▌식료본초▐

그 후 손사막의 영향을 받은 손사막의 제자 맹신이 약선 전문 서적인 《식료본초》를 썼는데 애석하게도 지금은 유실되고 전해지지 않는다.

이와 같이 당나라에 와서 식물과 약물의 구분이 비교적 명확해졌으며 "식료(食療)" 전문가가 형성되어 비약적인 발전을 하게 된다.

(5) 송(宋), 원(元) 시기

이 시기는 동양의학이 비교적 국가적인 차원에서 중시되었으며 어의(御醫)에서 일반 의사에 이르기까지 모두 식료학을 중시하였다. 따라서 이 시기는 약선학이 성숙된 시기다.

▌태평성혜방▐

송나라 왕회은이 나라의 명령에 의해 한림원 의관들을 소집하여 각종 서적과 경험방, 민간요법을 수집하고 정리하였다.

만든 책은 총 100권으로 그중에서 96, 97편은 식치문이라고 하여 약선으로 치료하는 방제가 160가지 기록되어 있다.

▌성제총록▐

송나라 학자들이 모여《태평성혜방》을 기초로 하여 만든 책으로 식치(食治), 식료(食療), 식보(食補)를 중시하였다.

그중에서 식치문(食治問), 보익문(補益問), 신선복이문(神仙服餌問) 등은 약선에서 중요한 의의를 갖는다.

▌양로봉친서▐

전문 서적은 아니지만 노인들을 위한 의학 서적인《양로봉친서》에는 약선 방제가 162개 들어 있다.

▌음식수지▐

원나라 약생학자 가명이 저술한 책으로 총 8권으로 되어 있다.

이 책에 기술되어 있는 음식은 360종이나 되며 음식 외에 해독법, 저장방법을 소개하였으며, 물을 맛과 지역과 시간에 따라 분류하기도 하였다.

▌음선정요▐

몽골인 음선태의(飮膳太醫)인 홀사혜가 저술한 책으로 원나라 이전의 약선책을 참고하고 본인의 경험을 더하여 집결한 식료전문 서적이다.

이 책은 총 3권으로 되어 있으며 책 중에 요리가 94개 들어 있다.

그 밖에 노화를 방지하는 약선방에도 29개가 들어 있는데 경옥고, 천문동고, 복황정, 복하수오 등이 있다.

(6) 명(明), 청(淸) 시기

모두 열거할 수 없을 정도의 많은 약선 전문서적들이 나왔으며 현재까지 수천 권의 전문 서적들이 전해지고 있다.

▌본초강목▐

유명한 이시진의 《본초강목》은 총 52권에 1,982종의 약재와 11,096개의 부방 및 1,160개의 사진을 실어 자세히 수록하였다.

그중 식품에 해당하는 수가 적지 않다.

▌식물본초▐

이 책을 원래 로화가 저술하였으나 그 후에 왕영이 고쳐서 총 2권으로 완성하여 발표하였다.

이 책은 1,682종의 식물명칭, 산지, 가공, 제조, 치료, 효능 등을 전반에 걸쳐 저술하여 명나라 식물서적 중에서는 가장 완벽하다는 평가를 받고 있다.

▌구황본초▐

주원장의 다섯째 아들 주강이 저술한 책으로 재해가 든 해에 백성들에게 구황식품으로 적합한 야생식물 위주로 편찬하였다.

▌고금의경대전▐

명나라 명의 서춘보의 《고금의경총대전》 100권 중 98편에 차, 술, 식초, 간장, 요리, 탕과 등의 보건 음식 제조법이 기재되어 있다.

그 밖에 《식품집》, 《식물본초》, 《음식복식보》, 《양생요괄》 등 약선 전문 서적이 많이 출간되었다.

2. 약선의 특징

1) 유구한 역사

약선의 기원은 수천 년 전으로 거슬러 올라가 인류가 생존하면서부터 시작되었으며 수많은 경험을 바탕으로 발전하게 되었다.

또한 문자가 생기면서부터 기록으로 남아 많은 사람들에게 보급되고 실행하면서 증명되어 약선 이론으로 발전되었다.

2) 약식동원(藥食同源)

음식이란 인체에 영양을 공급하는 중요 수단으로 성장 발육 및 생명 활동을 유지하게 한다.

약물은 각자의 독특한 효능을 바탕으로 생명체의 각종 생리 기능을 조절하고 질병을 예방 · 치료하는 역할을 한다.

따라서 약물은 병이 있는 환자에게만 사용하는 치료 수단이다.

그러나 약선은 치료 · 보건 · 예방 및 체력 증강 작용과 식품의 영양을 공급하는 기능을 한다.

따라서 선조들은 음식의 기능과 약의 기능을 결합하여 약식동원(藥食同源), 식양(食養), 식료(食療) 또는 약선(藥膳)이라 하였다.

우리가 일상적으로 먹는 음식물은 영양공급의 기본기능과 약물의 특수효능을 나타낸다. 식재료의 색, 향, 맛, 형태의 특징이 확실하게 나타나므로 질병예방, 건강증진, 체질개선 수단으로 활용하였다.

3) 변증배합

변증(辨證)이란 동양의학에서 다룬 각종 증상과 체증(體證) 등의 자료를 바탕으로 정체관념(整體觀念)과 오장의 상관관계를 종합적으로 분석하여 인체의 내외환경이나 질병의 원인, 성질, 부위와 발전 상태를 구별하는 것을 말한다. 그러므로 변증에 의하여 몸의 병증이나 상태에 알맞은 식품과 약물을 선택, 배합하여 음식을 만들어야 한다.

4) 조절 작용 위주

질병의 정도가 중할 때에는 정도에 따라 치료 위주로 약을 만들어 사용해야 한다. 하지만 만성병이나 질병이 가벼울 때에는 약선을 이용하는 것이 편리하다.

약은 병을 일으키는 원인을 제거하여 치료하는 것이고 약선은 우리 몸의 음양기혈을 조절하여 정기를 북돋아 사기를 제거하여 치료하는 것이다.

다시 말해서 우리가 가지고 있는 몸의 면역력을 이용하여 질병을 치료, 예방하고 건강한 상태를 유지시킨다.

5) 광범위한 응용

약선은 질병을 치료하고 예방할 뿐 아니라 건강을 회복시키고 노인들의 수명을 연장시킨다. 현대에는 피부 미용이나 비만 해소 등에도 응용할 수 있다.

또한 어린이들의 성장 발육과 두뇌 향상에도 응용하는 등 여러 가지 면에서 효과를 기대할 수 있어 삶의 질을 높이며 건강한 생활을 영위하는 데 광범위하게 응용된다.

6) 편리성

약선은 주변에서 쉽게 접할 수 있는 재료를 이용할 수 있다.

그 재료로 음식을 만들어 먹음으로써 따로 약을 만들어 먹는 불편함 없이 식사를 하면서 건강을 지킬 수 있는 방법이므로 매우 편리하다.

3. 약선의 분류

1) 식품 형태에 의한 분류

(1) 약선 요리

다양한 재료와 조리 방법으로 색, 향, 맛, 형태를 갖추어 만든다.

- 약선 – 삼계탕, 황기오리탕, 한방갈비찜, 백합가지볶음, 우근해마탕 등이 있다.

(2) 약선 면, 떡류

쌀이나 밀가루, 메밀가루 등 곡식류를 이용하여 만든다.

• 약선 – 만두, 떡, 국수, 전병, 빵, 쿠키 등을 말한다.
산약떡, 오색만두, 복령병, 복령백설기, 인삼떡 등이 있다.

(3) 약선 차, 음료

약물이나 식물을 끓이거나 갈아서 액체 형태로 만든다.

• 약선 – 배즙, 포도즙, 도라지윤폐즙, 홍삼즙, 십전대보탕, 팔진탕, 둥굴레차, 인삼차, 쌍화차, 오미자차, 계피차 등이 있다.

(4) 약선술

약재나 과일 등의 식재료를 술에 담가서 만든다.

• 약선 – 인삼주, 복분자주, 머루주, 홍주, 보건주, 구기자주 등이 있다.

(5) 약선죽

쌀을 기본으로 하여 죽 형태로 만든다.

• 약선 – 총명죽, 복령죽, 팔진죽, 호박죽 등이 있다.

2) 치료 작용에 의한 분류

(1) 양생보건장수류

① 보익기혈(補益氣血) 약선

기와 혈을 보하는 약선을 말한다.

• 약선 – 십전대보탕, 당귀삼계탕, 팔진탕 등이 있다.

② 조보음양(調補陰陽) 약선

음양을 조절하는 약선을 말한다.

• 약선 – 음을 보하는 약선으로는 자라탕이 대표적이다.
양을 보하는 약선으로는 삼계탕이 있다.
음양을 모두 보하는 약선에는 패왕별희, 동충하초오리 등이 있다.

③ 조리오장(調理五臟) 약선

오장을 조절하여 균형을 맞추는 약선을 말한다.

• 약선 – 양폐탕, 사물간편탕, 양신두충탕, 백출저위죽, 옥죽저심 등이 있다.

④ 익지(益智) 약선

어떤 원인에 의해서 예를 들면 나이가 들어가면서 건망증이 심해지고 기억력이 약해지는 경우 머리를 총명하게 하는 약선을 말한다.

• 약선 – 산조인죽, 백자인저심, 인삼연자죽, 산약계원죽, 계원연자차 등이 있다.

⑤ 명목(明目) 약선

간 기능의 저하나 항진으로 인체시력이 떨어지거나 흐리게 보이는 사람들에게 좋은 약선을 말한다.

• 약선 – 국화차, 은기명목탕, 하엽수오간편 등이 있다.

⑥ 총이(聰耳) 약선

나이가 들면서 청력이 떨어지는 사람을 위해 만든 약선을 말한다.

• 약선 – 자석죽, 청간총이보 등이 있다.

⑦ 연년익수(延年益壽) 약선

건강하게 장수할 수 있는 약선으로 어르신들에게 적합한 약선을 말한다.

• 약선 – 충초갑어탕, 복령병, 인삼구기자주, 양로익기방, 하수오죽, 연수죽, 황기차 등이 있다.

(2) 미용류

① 증백거반(增白祛斑) 약선

피부에 주근깨, 기미, 색소 침착이 생긴 사람을 위해 만든 약선을 말한다.

- 약선 – 백지복령죽, 여정자주, 미안보혈죽(美顔補血粥), 오백전(五白煎) 등이 있다.

② 윤부미안(潤膚美顔) 약선

피부를 윤택하게 하거나 주름을 예방하기 위해 만든 약선을 말한다.

- 약선 – 돼지족발, 윤부미용탕, 토마토양고기탕, 저신산약죽(豬腎山藥粥), 사완갑어탕, 죽순해삼탕 등이 있다.

③ 감비수선(減肥瘦身) 약선

살을 빼기 위해 만든 약선을 말한다.

- 약선 – 하엽감비차, 복령두부, 산사미역국, 좁쌀죽, 붕어찜, 삼기계동과탕 등이 있다.

④ 오발생발(烏發生發) 약선

머리가 나이보다 일찍 하얗게 변하거나 약해지고 쉽게 빠지는 사람을 위해 만든 약선을 말한다.

- 약선 – 하수오밥, 여정자죽, 검정깨죽 등이 있다.

(3) 치료 및 보조 치료 약선

① 해표(解表) 약선

감기에 걸린 사람을 위해 만든 약선을 말한다.

- 풍한감기약선: 생강계피차, 대파된장국, 생강소엽탕, 생강대파죽 등이 있다.
- 풍열감기약선: 국화차, 박하죽, 대파두부된장국 등이 있다.

② 청열(淸熱) 약선

열을 내리는 약선으로 열이 많은 사람들을 위해 만든다.

• 약선 – 백호탕, 청서익기탕 등이 있다.

③ 거한(祛寒) 약선

한기를 제거하는 약선으로 몸이 찬 사람들을 위해 만든다.

• 약선 – 당귀생강양고기탕, 오가피주, 수정과 등이 있다.

④ 소도(消導) 약선

소화를 돕는 약선으로 소화가 안 되거나 자주 체하는 사람을 위해 만든다.

• 약선 – 산사고, 오향빈랑 등이 있다.

⑤ 통변(通便) 약선

대변을 잘 통하게 하는 약선으로 변비환자들을 위해 만든다.

• 약선 – 마인윤장환, 벌꿀차 등이 있다.

⑥ 이수(利水) 약선

수액대사를 활발하게 하는 약선으로 부종이나 소변이 잘 안 나오는 사람을 위해 만든다.

• 약선 – 잉어탕, 복령만두 등이 있다.

⑦ 활혈(活血) 약선

혈액순환을 활발하게 하는 약선으로 교통사고나 산후 등으로 몸에 혈전이 많은 사람을 위해 만든다.

• 약선 – 홍화스파게티, 당귀황기계탕, 익모초탕 등이 있다.

⑧ 이기(理氣) 약선

기운을 잘 통하게 하고 조절하는 약선으로 기운이 뭉쳐 자주 화가 나고 쉽게 우울해지는 사람을 위해 만든다.

• 약선 – 진피음료, 불수주 등이 있다.

⑨ 거담(祛痰) 약선

담을 제거하는 약선으로 담으로 인한 기침 해소를 위해 만든다.

• 약선 – 배즙, 과루병, 도라지꿀 등이 있다.

⑩ 지해(止咳) 약선

기침을 멈추게 하기 위한 약선으로 기침하는 사람에게 좋다.

• 약선 – 유자차, 패모배숙 등이 있다.

⑪ 평천(平喘) 약선

천식을 가라앉게 하는 약선으로 천식을 치료하기 위해 만든다.

• 약선 – 합개탕, 쌍백피탕, 수세미배즙 등이 있다.

⑫ 식풍(熄風) 약선

내풍을 잠재우는 약선으로 간 기운이 뭉쳐 위로 올라가는 사람 즉 중풍환자를 위해 만든다.

• 약선 – 천마어두탕, 국화차 등이 있다.

⑬ 안신(安神) 약선

정신을 안정시키는 효능이 있는 약선으로 심장이 약하거나 정신불안 증상이 있는 사람을 위해 만든다.

• 약선 – 산조인탕, 백자인죽 등이 있다.

3) 특징에 의한 분류

(1) 요리류

야채, 육류, 알, 수산품, 우유 등의 식품에 약재나 약물을 넣어서 맛이 있으면서 색과 향도 좋게 만든 요리를 말한다.

(2) 음료류

식품, 약물을 일정한 처리 과정을 거쳐 즙을 짜서 냉각시켜 만든 음료를 말한다.

(3) 죽류

전분종류 즉 쌀이나 곡물 가루를 이용하여 약물과 식품을 물에 끓여 만든 요리를 말한다.

(4) 케이크, 떡류

쌀이나 밀가루 등 전분류를 기본으로 하여 약물을 넣어 찌거나 구워서 만든 요리를 말한다.

(5) 가공류

식품과 약물을 이용하여 가공식품으로 만들어낸 것을 말한다.

(6) 기타

약선은 여러 가지 형태로 만들 수 있는데 과자류나 빙과류 등을 말한다.

4. 약선의 제조 방법

1) 약선 조리의 특징

약선 조리는 약물과 식물을 혼합하여 만드는 것이 많다.

신체를 튼튼하게 하고 생리 기능을 조절하며 건강 장수를 목적으로 하는 기능성 음식이다.

따라서 약선은 색, 향, 맛, 모양 이외에 약물의 유효 성분과 식물의 영양 성분이 결합되어 병을 치료하거나 예방하는 효능을 발휘할 수 있도록 조리한다.

또한 약식동원 이론에 근거하여 약물이나 식물 모두 한(寒), 열(熱), 온(溫), 양

(凉)의 사기(四氣)와 산, 고, 감, 신, 함의 오미(五味)의 특징이 있으므로 약선 조리 시에 필히 고려하여야 한다.

(1) 약선의 형식

탕이 위주가 되며 한약 탕제의 형식과 비슷하다. 유효 성분이 탕에 용해되어 약효를 발휘한다.

• 약선 – 설화계탕, 팔보계탕, 십전대보탕, 쌍변장양탕 등이 있다.

(2) 약선의 가공 방법

돈(炖), 자(煮), 증(蒸) 위주로 비교적 장시간 가열하는 과정 중에 유효 성분이 용해되어 나오며 효능이 강해진다.

일반적으로 자보식품으로 달고 따뜻하며 평성(平性)류가 많다.

비교적 장시간 끓인다.

(3) 약선의 조미

일반적으로 원재료의 맛과 향을 손상시키지 않아야 하며 약효와 성미가 일치하여야 한다.

약선에 조미가 필요할 때에는 주로 소금, 후추, 참기름 등을 사용한다.

맛이 비리거나 느끼한 식물이나 약재는 필히 조미하여 조리한다.

전체적인 약선 조리의 특징은 약재, 식재의 원래 맛을 최대한 활용하여야 한다. 보조 재료를 적당히 넣어 색, 맛, 향, 모양을 좋게 함으로써 가치를 높이고 약선의 효능이 최대로 발휘될 수 있도록 하여야 한다.

2) 약선 조리 시 조건

(1) 약선 조리를 하는 사람은 동양의학의 이론과 조리기술의 전문지식을 이해하지 않으면 안 된다. 약선 조리 기술은 동양의학의 포제 방법과 음식조리가

결합되어 나오는 것이므로 이 두 가지 방면의 지식을 습득해야 약선 조리가 가능하며 약선의 수준이 높아진다.

(2) 약선 조리는 분업으로 하여 제작한다. 즉 약선 의사와 약선 포제사가 합격 판정을 내린 약물과 식품을 기초로 한 조리방법을 통해 약선의 색, 향, 맛, 모양을 갖추고 효능이 있도록 만든다.

(3) 약선 조리 제작 시 위생과 청결을 철저히 해야 한다. 그렇지 않으면 약선의 효능과 질에 영향을 미친다.

(4) 약선 조리 시에 약선의 질을 보증하면서 원가를 절약하여 제작하여야 한다. 약선재료는 동물의 머리, 다리, 껍질 등과 식물의 뿌리, 줄기, 잎, 꽃, 과실 등이므로 재료의 효율성을 위해 남는 부분을 잘 활용하여 원가를 줄이도록 노력하여야 한다.

3) 약물과 식물의 결합

약선은 식물과 약물을 원료로 하여 일정한 법칙에 의해 혼합하여 제작하는 것이다. 식물과 약물의 혼합으로 효능이 좋고 약선의 색, 맛, 향, 모양이 좋아야 하므로 올바른 제조 방법과 정확한 의학 지식이 필요하다.

따라서 과거의 민간 제조 방법을 계승하고 새로운 과학 지식으로 새로운 방법을 창조하여 약선의 품질을 높여 나가야 한다.

(1) 약물과 식물의 공동 조리

약물과 식물을 같이 조리하는 것은 전통적으로 사용하여 왔던 조리법이다. 장점은 방법이 편리하고 식물과 약물의 유효 성분이 복잡한 화학반응으로 “食借藥力, 藥助食威” 즉 음식은 약의 효능을 얻고 약은 음식의 약효를 도와주는 작용을 한다.

① 약재가 보이는 약선

약선 중에서 비교적 귀한 약재를 주로 사용한다.

• 약선 – 천마어두(天麻漁頭), 충초압자(蟲草鴨煮) 등이 있다.

약과 식품을 동시에 조리하므로 약의 용량을 적당히 하여야 하고 약재의 불순물을 제거하여 청결하게 하며 시각적인 효과에도 신경을 써야 한다.

② 약재가 보이지 않는 약선

모양이 혐오스럽거나 맛, 색, 질이 좋지 않은 재료는 보이지 않게 조리한다. 주로 천에 넣어 조리한다.

(2) 약물과 식물을 분리한 조리

약물과 식물을 분리하여 따로 조리한 뒤 섞는 방법이다.

약물 중에서 향, 맛이 좋지 않거나 색, 모양이 좋지 않은 약물(천궁, 숙지황, 뱀), 십전대보탕, 팔보계탕처럼 약의 양이 너무 많을 때 또는 약물과 식물을 동시에 조리할 수 없는 경우에 분리하여 조리한다.

5. 식물의 효능

모든 식물(食物)은 각각의 독특한 특성이 있으며, 특성에 따라 각각 서로 다른 성미, 귀경, 효능이 있다.

예를 들면 쌀의 성질은 평하고 맛은 달며 비위경으로 들어가며, 보중익기(補中益氣), 건비양위(健脾養胃)의 효능을 가지고 있다. 식물은 각각의 특성에 따라 효능이 있다.

효능은 그 식물의 성질, 맛, 귀경 등과 밀접한 관계가 있으며 선조들의 오랜 경험을 통해서 얻어낸 결과물이다.

우리는 이런 결과를 활용하여 약선에 응용하고 있으며 현대의학이나 식품학, 영양학에서는 연구실험을 통해 과학적으로 증명되고 있다.

예를 들면 인체에 어떤 영양성분이 부족하면 질병을 유발하는데 단백질이나 탄수화합물이 부족하면 간 기능이 장애를 일으키고 어떤 비타민이 부족하면 야맹증, 각기병, 구강염, 괴혈병, 연골증 등을 일으키며 어떤 무기질이 부족할 때 즉 칼슘이 부족하면 구루병, 인이 부족하면 신경쇠약, 요오드가 부족하면 갑상선종, 철이 부족하면 빈혈, 아연이 부족하면 성장발육불량 등을 일으킨다.

이런 병들은 각 병에 해당하는 성분이 들어 있는 식품을 섭취함으로써 질병을 치료하고 예방할 수 있는데 동양의학에서는 천 년 이전부터 야맹증에는 동물의 간장을 먹고 갑상선종에는 해초를 먹으며 각기병에는 곡식껍질이나 밀기울을, 괴혈병에는 과일이나 채소를 먹으라고 기재되어 있다.

그리고 정체관에서 출발하는 음식조절이나 상대적으로 어떤 질병에 강한 영양식물 외에 특이성 효능을 가진 식물도 있다.

예를 들면 대파의 흰부분 · 생강 · 두지 · 고수 등은 감기를 예방하고, 사탕수수즙 · 앵두즙은 두드러기를 예방하고, 하얀 무 · 올리브는 백후(白候)를 예방하고, 마늘은 암을 예방하고, 녹두는 더위를 예방하고, 여지는 구강염과 위염으로 인한 입 냄새를 예방하고, 당근죽은 어지럼증을 예방한다.

이런 것은 모두 경험을 통해 증명된 것들이며 현대연구에서도 과학적으로 하나씩 증명되고 있다.

인체의 유기적 정체관념에 영향을 끼치는 것 외에도 마늘은 바이러스를 억제하고 살균작용이 있는데 호흡기감염, 장의 전염병을 치료하고 산사, 홍차, 귀리는 혈지방을 낮추어 동맥경화를 예방한다. 또한 옥수수죽이 심혈관질환을 예방하고 율무죽은 암을 예방한다고 하는 것 등이다.

6. 한국요리와 약선

한국요리는 담백하고 느끼하지 않은 음식이 주를 이루고 있다.

물론 궁중음식에는 고단백에 고지방의 음식도 있지만 대부분의 음식은 채소 위주로 되어 있으며 기름에 튀기거나 볶는 요리보다는 물에 삶거나 찌거나 무치는 요리가 많다. 그러므로 콜레스테롤이 높지 않고 지방이 적어 비만이나 고지혈증으로 인해 발생하는 현대인들의 생활 습관병 예방에 효능을 가진 요리들이 많다.

한국요리 중에서 약선으로 효능이 많은 음식 및 재료를 살펴보면 다음과 같다.

삼계탕은 인삼과 영계를 사용한 음식으로 누구나 약선으로 인정하는 우리나라 전통 요리다. 《신농본초경》에서는 닭은 성질이 따뜻하고 맛은 달며 비위경으로 들어가고, 효능은 비위 즉 소화기 계통을 보하고 중초를 따뜻하게 하며 기운을 만들고 허약한 몸을 보하며 근골(筋骨)을 튼튼하게 한다고 기록되어 있다.

또한 《수식거음식보》에서는 "위를 편하게 하고 근골을 강하게 하며 상처를 아물게 하고 활혈(活血)작용이 있으며 생리를 조절하고 종기를 없애고 여성들의 냉을 멈추게 하고 빈뇨를 치료하며 분만 후 회복에 좋다."라고 기록되어 있다. 이렇게 소화기 계통을 보하면서 맛이 부드러운 영계에 대보원기 작용이 강한 인삼을 함께 넣어 몸이 허약하고 기력이 떨어지는 사람에게 활력을 넣어주는 보양 약선으로 애용하여 왔다.

건강하게 장수하는 것이 목적인 양생법에 의하면 양기가 부족하여 추운 겨울에 병이 많은 사람들은 자연계의 양기가 충만한 여름철에 양기를 보충해야 하고 음기가 부족하여 무더운 여름을 보내기가 힘든 사람들은 음기가 충만한 겨울철에 음기를 보하라고 한다. 따라서 우리 선조들은 땀을 많이 흘리고 체력의 소모가 많은 여름철에 삼계탕을 먹어 추운 겨울을 잘 보낼 수 있도록 하였다.

도라지 무침이나 나물은 폐의 기운이 잘 퍼져 나갈 수 있게 하며 가래를 없애고 농액을 배출시키는 작용이 있다. 따라서 가래가 많으면서 폐의 기운이 잘 통하지 않아 나타나는 기침이나 가슴이 답답하고 목이 붓고 아프거나 목이 쉬고 농액을 토할 때 적합하며 폐의 기운이 잘 통하지 않아 발생하는 변비나 소변불리에도 좋고 방광결석증(癃閉)에 효과가 있다. 그러므로 평소 반찬으로 먹으면 폐를 튼튼하게 하는 훌륭한 약선이 된다.

도라지는 길경이라는 한약재로 음을 보하는 식품이다. 특히 폐음(肺陰)과 위음(胃陰)을 보하며 폐열을 내리고 인후를 잘 통하게 하며 가래를 제거하고 기침을 멈추게 하는 효능이 있어 폐결핵이나 기타 열성병을 앓고 난 후 마른기침을 하거나 도한이 나며 미열이 물러가지 않는 사람에게 적합하다. 폐음 부족이나 폐열로 목이 마르고 목소리가 잘 쉬는 사람에게 효과가 있으며 목소리를 많이 쓰는 직업인에게 좋은 식품이다. 암환자나 당뇨병, 건조종합증, 위축성위염에도 효과가 있다.

그리고 들깨는 소자(蘇子)라고 하는 한약재로 성질은 따뜻하고 맛은 매우며 폐, 대장경으로 들어간다. 효능은 강기화담(降氣化痰), 지해평천(止咳平喘), 윤장통변(潤腸通便)이며 기운을 아래로 내리는 작용이 강하여 가래가 많으면서 기침천식이 있는 환자에게 적합하고 변비에 효과가 있다. 《약품화의》에서 "소자는 매운맛으로 기운을 아래로 내리고 발산시키는 작용을 하여 담이 뭉쳐서 막힌 데 쓴다."라고 하였다. 현대 임상 연구에 의하면 "생것은 갈아 공복에 먹으면 회충을 배출하고"(《사천중의(1986)》), "들깨 기름으로 고지혈증환자에게 실험한 결과 콜레스테롤과 중성지방을 낮추는 효과가 있다."(《요녕중의잡지(1999)》)라고 하는데 우리는 들깨를 양념으로 사용하여 왔다.

또한 결명자차는 《신농본초경》에 의하면 성질은 약간 차고 맛은 달고 쓰다. 간경, 신장경, 대장경으로 들어가며 효능은 간열을 내리고 눈을 밝게 하며 대변을 잘 나오게 하는 작용이 있다. 따라서 간화(肝火) 또는 풍열로 인해 눈이 충혈되고 종통(腫痛)이 나타나며 시력이 떨어지는 사람이나 급성결막염에 효과가 있으며 고지혈증이나 고혈압환자에게 적합하고 습관성 변비환자에게도 좋은 식품이다.

보리차나 옥수수차는 속을 편하게 하고 소화기 계통을 보하는 작용이 강하며 식욕부진이나 속이 더부룩한 증상을 치료하고 고지혈증, 비만, 동맥경화, 심근경색 등을 예방하는 효능이 있어 생활 습관병에 많은 도움이 되는 식품이다.

김이나 미역, 다시마는 해초류로 성질은 차고 맛은 짜며 폐, 비, 신장경으로 들어간다. 갑상선항진증, 임파결핵, 고환종통 등에 효과가 있으며, 고혈압, 고지혈증, 심장병, 당뇨병, 동맥경화, 비만증에도 좋다. 노인들의 만성기관지염, 야맹증, 골다공증, 아연중독 직업병 환자 및 빈혈, 변비, 수종, 탈모 등에 효과가 있다.

수정과는 생강과 계피가 주재료로 겨울철에 따뜻하게 해서 먹으면 몸을 따뜻하게 하고 소화를 도우며 기혈이 잘 통하도록 하는데 사지가 차고 아랫배가 차면서 설사를 자주하고 구토증상이 있으며 배에 통증이 있는 사람에게 효과가 있는 우리나라 전통 차에 속한다. 생강은 성질은 따뜻하고 매우며 비, 위, 폐경으로 들어간다. 산한해표(散寒解表), 강역지구(降逆止嘔), 화담지해(化痰止咳) 작용이 있으며 풍한감기로 두통, 코막힘, 오한, 구토, 가래가 있으면서 기침이 나올 때나 설사 등에 효과가 있으며 생리불순, 하혈 등에도 적합한 식품이다. 계피는 성질이 열성이며, 맛은 달고 매우며 신장, 비장, 방광경으로 들어가 몸 안의 찬 기운을 몰아내고 비장을 따뜻하게 하며, 건위작용이 있고 혈맥을 잘 통하게 하는 효능이 있다. 따라서 몸이 차서 발생하는 여러 가지 질병들을 치료한다.

이렇듯 우리들이 흔히 먹는 요리 모두가 약효를 가지고 있으며 오장육부로 들어가 인체의 생리작용을 도우며 여러 가지 질병으로부터 우리 몸을 보호하는 작용이 있다.

따라서 이제는 우리 몸의 균형을 맞추고 음양의 조화를 이루며 오행의 원리에 맞춰 오장육부의 기능을 활발하게 하고 현대 성인병을 예방하고 건강한 삶을 누릴 수 있도록 한국음식에 더욱 관심을 가져야겠다.

제2절 동양의학 기초이론

1. 정체관념(整體觀念)

1) 정체관념의 약선 응용

정체관념이란 동양의학에서 인체 자체의 완정성(完整性) 및 사람과 자연, 사람과 사회 환경과의 통일성을 말하는 것으로 인체를 여러 층의 조직으로 이루어진 하나의 유기적 정체(整體)로 인식하고 인체 각 조직 간에 또는 장부와 형체, 오관

사이는 기능상으로 서로 협조하고 병리적으로는 서로 영향을 주고 받는 등의 떼어놓을 수 없는 유기체로 보며 또한 인체는 자연 환경과 사회 환경에 밀접한 영향을 받으며 생명 활동을 한다는 사상이다.

그러므로 정체관념은 약선에서 체질을 구별하고 질병을 진단, 치료, 예방하는 과정에서 필요한 이론이다.

(1) 인체는 유기적 정체이다

인체는 오장(심장, 폐, 비장, 간, 신장)을 중심으로 장부와 표리관계인 육부(소장, 대장, 위, 담낭, 방광, 삼초), 형체(맥, 피, 육, 근, 골), 오관(혀, 코, 입, 눈, 귀) 등으로 구성되어 있으며 경락계통으로 서로 연결되어 구조적으로 하나의 유기적 정체이다.

여기에 정(精), 기(氣), 혈(血), 진액(津液)은 인체 생리 기능을 유지하는 기초물질로 오장을 중심으로 하여 생성, 운행, 분포, 저장, 대사 작용을 하며 생명 활동을 유지하는 것이다.

인체 어느 한 부분의 병리 변화의 표현은 일반적으로 전신의 장부, 기혈, 음양의 성쇠와 많은 관계가 있으므로 장부 간 또는 다른 인체기관과의 연관성을 고려하여 진단하고 치료하여야 한다.

예를 들면 눈에 이상이 왔다면 눈의 국부적인 이상만을 보지 말고 정체관념으로 봐야 한다. 즉 간의 생리기능 실조만을 생각하지 말고 다른 장의 기능도 살펴야 한다는 뜻이다.

눈은 간의 개규(開竅)에 해당되지만 눈동자의 가운데 점은 신장의 기능을 나타낸다. 따라서 정혈동원(精血同源)으로 정과 혈은 같다는 이론에 따라 눈은 정혈을 얻어야 사물을 볼 수 있다.

그러므로 간과 신장의 정혈이 부족하면 시력이 떨어지거나 현훈, 야맹증이 나타나기 쉽다. 비록 야맹증은 눈이 어두워지는 국부에 나타나는 병이지만 눈을 치료하는 것이 아니고 간과 신장을 보하는 약선을 사용하여 치료한다.

즉 보익간신(補益肝腎), 양간명목(養肝明目) 작용을 하는 소간, 돼지간, 닭간,

구기자, 하수오, 검정깨, 뽕나무 열매 등의 식품으로 약선을 만든다.

또한 간장에 이상이 오면 간뿐 아니라 비장 기능의 이상도 고려해야 하는데 이는 간의 기운이 비장을 쳐서 비장을 약하게 하기 때문이다.

이처럼 인체는 조직과 기관 기능이 고립되어 있는 것이 아니고 서로 연관되어 전체가 하나를 이루고 있으며 정신까지도 서로 연계되어 있어 상호 영향을 미치는 유기적 정체인 것이다.

인체의 생리 계통표

계 통	오 장	육 부	오 체	관 규	경 락
심계통	심장	소장	맥	혀	수소음심경, 수태양소장경
폐계통	폐장	대장	피	비	수태음폐경, 수양명대장경
비계통	비장	위	육	입	족태음비경, 족양명위경
간계통	간장	담	근	눈	족궐음간경, 족소양담경
신계통	신장	방광	골	귀	족소음신경, 족태양방광경

(2) 사람과 자연, 사회 환경의 통일성

인류는 자연계 안에서 생활하기 때문에 자연 변화의 영향을 받으면서 살아간다. 봄은 따뜻하고 여름은 덥고 가을은 선선하고 겨울은 춥다.

봄에 생하고 여름에 자라며 가을엔 거두고 겨울엔 저장하는 것이다.

자연의 변화이며 인체의 생리 현상도 이와 같다.

또한 거주 지역의 환경, 생활수준, 성별, 직업에 따른 여러 가지 조건들도 인체에 영향을 미친다.

동양의학에서는 사람과 자연, 사회 환경의 통일성을 나타내는 '삼인제의(三因制宜)'가 있는데 이는 다음과 같다.

▌인시시선(因時施膳)▐

동양의학에서 정체관은 인간은 하늘과 땅과 상응하여 존재하므로 사계절의 변화에 따라 인체생리도 변하므로 기후에 적합한 약선을 선택해야 한다.

예를 들면 무더운 여름에는 청량하고, 진액을 만들고, 갈증을 멈추게 하고, 더위를 물리칠 수 있는 식품과 약재를 사용하는 것이 좋으며, 온열로 상화(相火)를 일으키고, 진액을 말리고, 매우면서 느끼하여 음을 상하게 하는 음식은 좋지 않다.

또한 늦여름에는 양열(陽熱)이 하강하여 수기가 상승하므로 습기가 많아지는 시기인데 습사는 음사로 무겁고 아래로 가라앉는 습성이 있으며 기의 운동을 막아 양기를 손상시킨다.

그러므로 습을 제거하면서 더위를 이기는 약선이 좋다.

▌인지시선(因地施膳)▐

지역에 따라 기후조건이 다르므로 이를 고려하여 알맞은 약선을 만들어야 한다.

예를 들면 해안지방에서는 습기가 많아 습사로 인한 질병이 많다. 따라서 소화를 잘 되게 하면서 습을 제거하는 효능이 있는 식품을 이용하여 약선을 만드는 것이 좋다.

그리고 건조한 기후를 나타내는 지역에서는 몸을 윤택하게 하는 식품을 이용한다.

▌인인시선(因人施膳)▐

인체는 성별, 연령, 체질, 생활 습관에 따라 생리적, 병리적 현상이 다르게 나타난다. 그러므로 약선을 만들 때는 필히 이 모든 상황을 고려하여야 한다.

예를 들면 임산부는 안태작용이 있으므로 몸을 보하는 약선이 좋고 체력이 약한 어르신들은 신장의 정기를 보하는 음식이 좋으며 어린이들은 성장 발육과 두뇌 발달에 도움이 되는 식품이 위주가 되어야 한다.

또한 경제적인 생활환경도 고려해야 하는데 가난한 사람들은 비위를 튼튼하게 하면서 보하는 효능이 있는 음식이 좋고 풍요로운 사람들은 오장과 기혈을 조절하는 약선이 좋다.

2. 정(精), 기(氣), 혈(血), 진액(津液)의 개념

1) 정(精)

(1) 인체 정(精)의 개념

정(精)은 부모로부터 받은 생명 물질과 후천 수곡정미(水谷精微)가 서로 결합하여 형성된 일종의 정화(精華) 물질이며 인체 생명의 본원이고 인체를 구성하고 인체 생명 활동을 유지하는 가장 기본적인 물질을 말한다.

동양의학과 관련된 인체의 정에 대한 개념은 고대 철학의 정기학설의 영향을 받았다.

고대 철학에서 정(精) 혹은 물(水)은 만물 생성의 본원이라고 한다.

따라서 인체의 정은 생명의 본원으로 액체 상태로 장부 중에 저장된다는 이론이 성립되었다.

그러므로 동양의학의 정은 고대인들의 인류 생식 번영 과정을 관찰하고 경험을 통하여 형성되었으며 음식 정화 물질을 흡수하여 생명을 유지하는 과정을 관찰하여 완성되었다.

동양의학에서의 정은 여러 종류의 뜻이 있다.

정은 후대를 번식하기 위한 생식의 정에서 출발하였다.

이러한 생식의 정은 협의의 정이라고 한다. 정화(精華), 정미(精微)의 각도에서 보면 인체의 혈, 진액, 수(髓) 그리고 수곡정미(水谷精微) 등 모든 정미물질은 광의의 정이라고 한다.

일반적으로 정의 개념은 선천의 정, 수곡의 정, 생식의 정, 장부의 정을 말하며 혈이나 진액, 수(髓)는 포함하지 않는다.

(2) 인체 정(精)의 대사

① 정(精)의 생성

(ㄱ) 선천의 정

선천의 정은 부모로부터 받아 태어난다.

고대인들은 관찰과 경험을 통해 남녀의 생식의 정이 결합하여 새로운 생명체가 태어난다는 것을 인식하게 되었다.

따라서 부모로부터 유전되는 생명의 물질을 선천의 정이라고 한다.

(ㄴ) 후천의 정

후천의 정은 수곡에서 오는 것으로 수곡의 정이라고도 한다.

고대인들이 음식 수곡을 통해 소화 흡수하고 배설하는 과정을 관찰하고 인체는 음식물 중의 정화 물질을 흡수하여 생명 활동을 유지한다는 것을 인식하였다.

비기의 승운(昇運) 작용에 의해 음식물이 수곡의 정으로 변화되며 출생 후의 모든 생명 활동을 유지하기 위한 정미물질은 수곡의 정에 의지한다.

수곡의 정은 진액과 결합한 액체 형태로 비기의 전수(轉輸) 작용에 의해 전신과 관규(官竅)로 전달된다.

② 정의 저장과 시설(施泄)

(ㄱ) 정의 저장

인체의 정은 오장으로 나뉘어 저장되지만 그중에서 가장 중요한 것은 신장에 저장된다.

선천의 정은 태아시기에 신장에 저장되며 신정의 주요 성분이다.

그리고 태아의 발육과 각 장부 조직관규의 생성 과정 중에 선천의 정도 부분적으로 기타 장부에 저장된다.

후천의 정은 수곡에서 나오는데 비위에서 화생된 정미물질은 비기의 전수(轉輸) 작용에 의해 부단히 각 장부 조직으로 전송되고 장부의 정으로 변화되어 장부 생리 활동의 필요에 의해 공급되고 그 나머지는 신장으로 전수되어 저장하고 신장의 선천의 정을 충양(充養)한다.

(ㄴ) 정의 시설(施泄)

일반적으로 정의 시설에는 두 가지 형식이 있는데 하나는 전신 각 장부에 저장되어 장부를 유양하고 각 장부의 기능을 조절과 추동하는 기운으로 변화하는 것이고 다른 하나는 생명의 번식을 위한 생식의 정으로 변화하는 것이다.

정은 생명 활동을 유지하기 위한 가장 기본이 되는 물질로 선천의 정은 신장에 저장되고 후천수곡의 정의 도움을 받아 신정이 되며 따라서 신장의 각종 기능이 근본이 된다.

후천의 정은 비기의 전수에 의해 각 장부로 분포되며 장부의 정이 된다.

각 장부의 정과 혈, 진액 등의 물질은 서로 화생되며 여러 가지 형식으로 장부 생리 기능을 촉진시킨다.

그러므로 장부형체관규의 정상 활동은 모두 정의 유양, 자윤 작용에 의지한다.

정은 각 장부에 정화 물질 자신의 충양(充養)뿐 아니라 각 장부의 기능 활동의 물질적 기초가 된다. 그리고 신장의 선천의 정은 원기의 생리 활동에 의해 삼초를 통로로 삼아 장부와 전신으로 퍼져 나가 각 장부 활동을 추동하고 격발(激發)하여 인체 생명 활동의 원동력이 된다.

생식의 정은 선천의 정이 후천의 정의 도움을 받아 화생되는 것이다.

생식의 정의 시설은 정도가 있으며 신기봉장(腎氣封藏), 간의 소설(疏泄), 비기의 운화(運化) 작용과 밀접한 관련이 있다.

③ 정(精)의 기능

(ㄱ) 생명의 번식

선천지정(先天之精)과 후천지정(後天之精)이 결합하여 생식의 정을 화생하여 생명을 번식시키는 작용을 한다.

즉 유전 기능을 가진 선천의 정이 신장에 저장되어 각 장부의 정의 도움을 받아 신장의 선천지정이 된다.

따라서 생식의 정은 실질적으로 신장의 정이 화생된 것이다.

선, 후의 정이 서로 결합하여 신정이 점점 충실하게 하고 신기도 충성(充盛)하게 한다. 충성된 신기(腎氣)가 인체의 성장 발육을 촉진시키고 형체의 발육이 성숙되면 '천계(天癸)'를 만들어 생식 기능을 발휘한다.

(ㄴ) 유양(濡養)

정은 인체의 각 장부와 형체, 관규를 자윤하고 유양한다.

선천의 정과 후천의 정이 충성(充盛)하면 장부의 정이 충영(充盈)하고 신정이 충성(充盛)하며 따라서 전신 장부조직관규(臟腑組織管竅)도 정이 충양(充養)되어 각종 생리 기능이 정상 발휘되는 것이다.

(ㄷ) 화혈(化血)

정은 혈로 전화(轉化)할 수 있으며 혈액 생성의 근원 중 하나다.

신정이 가득하면 간이 유양되어 혈이 충실하다.

따라서 정이 충분하면 혈이 왕성하고 정이 부족하면 혈도 약해진다.

(ㄹ) 화기(化氣)

정은 기로 화생한다.

선천의 정은 선천의 기(원기)로 화생하고 수곡의 정은 곡기로 화생하며 호흡을 통해 얻은 청기와 결합하여 일신(一身)의 기로 결합한다.

기는 부단히 인체의 신진대사를 조절하고 추동하며 생명 활동을 한다.

그러므로 정은 생명의 본원이고 인체를 구성하는 가장 기본이 되는 물질이다.

(ㅁ) 화신(化神)

정(精)은 신(神)으로 화생할 수 있으므로 정(精)은 신(神)을 만드는 물질적 기초가 된다.

신(神)은 인체 활동의 외재적 표현이며 정(精)과 떨어질 수 없는 관계이다.

따라서 정이 부족하면 신이 피로하고 정이 없으면 신이 분산되어 생명이 끝나는 것이다.

2) 기(氣)

(1) 인체 기의 개념

기는 인체 내의 활력으로 쉬지 않고 운행하는 눈에 보이지 않는 정미(精微)물질이며 인체를 구성하는 생명 활동의 기본 물질 중 하나다.

기는 쉬지 않고 운행하며 추동(推動)과 인체 내의 신진대사를 조절하고 생명의 진행 과정을 유지한다.

따라서 기의 운행이 멈추면 생명도 끝나는 것이다.

(2) 인체 기의 생성과 작용

① 인체 기의 생성

인체의 기는 선천적인 정(精)이 변화되어 생겨난 선천적인 기(원기)와 음식물의 정이 변화하여 생성되는 수곡의 기, 그리고 호흡을 통해 들어온 자연의 청기(淸氣), 이 세 가지가 합하여 일신지기(一身之氣)를 형성한다.

선천적인 기는 생명 활동의 원동력이 되며 진기(眞氣), 원기(原氣)라고 한다.

수곡의 기는 음식물의 정미물질에서 변화된 수곡의 기로 곡기(谷氣)라고 하며 청기는 호흡을 통해 폐에서 얻어지는 자연의 기를 말한다.

② 인체 기의 작용

(ㄱ) 추동(推動)과 조공(調控) 작용

기는 활력이 강한 정미물질로 인체의 성장과 발육 및 각 장부경락의 생리 기능을 촉진시키고 격발시킨다.

그러므로 인체의 성장 발육, 장부경락의 생리 활동, 정혈진액의 생성과 운행 등은 모두 기의 추동 활동에 의존한다.

예를 들면 원기는 인체의 성장, 발육, 생식기능, 각 장부조직의 기능 활동을 촉진시킨다.

만약 원기가 부족하면 추동과 격발 능력이 저하되어 인체의 성장 발육이 늦고 생식 기능이 저하되며 노화 현상이 일찍 나타나며 동시에 인체 장부경락의 생리 활동이 감소되고 생명 활동이 쇠약해진다.

그 밖에 정의 생성과 배설, 혈의 생성과 운행, 진액의 생성과 배설 등의 생리 활동도 모두 기의 추동과 격발 작용에 의해서 정상의 생리 활동이 가능하다.

만약 기의 추동 작용이 감소하면 정의 화생이 부족하고 배설에 장애가 따르고 혈액이나 진액의 생성이 부족하거나 운행 수포가 느려지는 병리 변화가 나타난다.

인체 내부의 각종 기능 활동 간에는 협조 평형을 유지하여야 하는데 평형을 유지하기 위해서는 기의 조공(調控) 작용이 아주 중요하다.

기의 활동은 하나는 추동, 흥분, 승발 작용을 발휘하는 것이고 다른 하나는 안정, 억제, 숙강 작용을 발휘하는 것인데 전자는 기 중에서 양성 성분(양기)의 작용이고 후자는 기의 음성 성분(음기)의 작용이다.

음, 양 두 기의 협조 평형에 의해 생명 활동의 안정을 유지하는 것이다.

만약 음기의 안정, 억제 등의 작용이 약해지면 양기의 추동, 격발 작용이 항진되고 장부 기능이 허성으로 항진되며 정, 혈, 진액대사가 빨라지고 소모가 많아지며 유정, 다한, 출혈, 번조, 실면 등의 증상이 나타난다.

(ㄴ) 온후(溫煦)와 양윤(凉潤) 작용

기의 온후 작용은 기의 기화를 통해 열량을 생산하는 것을 말하며 인체를 따뜻하게 하고 한랭한 기운을 제거한다. 기의 온후 작용의 생리적 의의는 다음과 같다.

- 인체의 체온을 안정적으로 유지한다.
- 장부, 경락, 형체, 관규의 정상 생리 활동을 진행한다.
- 정혈진액의 정상 순행과 수포, 배설 등의 대사를 돕는다.

온후 작용을 발휘하는 기는 인체의 양기로 만약 양기가 부족하면 열이 부족하여 허한성 병변이 나타나고 증상은 찬 것을 싫어하고 따뜻한 것을 좋아하며 사지가 차고 체온이 저하되며 장부 생리 기능이 약해진다.

기의 양윤(凉潤) 작용을 발휘하는 기는 인체의 음기며 음기는 한량(寒凉), 유윤(柔潤), 제열(制熱)의 특성이 있다.

체온을 유지시키고 정혈진액의 운행수포대사 및 장부 기능을 안정되게 한다.

㈂ 방어 작용

기는 체표에 머물며 외부의 사기를 막아 인체를 보호하고 동시에 인체 내부의 병사를 제거한다.

그러므로 기의 방어 작용은 아주 중요하다고 할 수 있다.

만약 기의 방어 작용이 저하되면 병사를 막지 못해 질병이 발생된다.

병사가 인체의 어느 한 부분을 침입하면 인체의 정기가 모여 들어 발병을 막는다.

㈃ 고섭(固攝) 작용

고섭 작용이란 인체 구성의 기본 물질인 체내의 혈, 진액, 정 등 액체 상태의 물질이 새어나가지 않도록 보호하며 통제하는 작용을 말한다.

이 작용을 통해 액체 상태의 물질들이 유실되지 않고 정상 생리 활동을 할 수 있는 것이다.

기의 고섭 작용을 구체적으로 살펴보면 다음과 같다.

- 통섭혈액은 혈액이 혈관에서 정상적으로 순행되는 것을 의미한다.
- 한액, 요, 침, 위액, 장액, 각종 분비물 등을 규율에 의해 배설하고 너무 많이 유실되지 않도록 막는다.
- 정액은 너무 많이 유실되는 것을 방지한다.

만약 기의 고섭 작용이 약해지면 체내 액체 물질이 유실된다.

따라서 기불섭혈(氣不攝血)이 되면 각종 출혈 현상을 유발하고, 기불섭진(氣不攝津)이 되면 자한(自汗), 다뇨(多尿), 요실금, 유연(流涎), 구토청수(嘔吐淸水), 설사 등이 나타나며, 기불고정(氣不固精)이 되면 유정(遺精), 활정(滑精), 조루(早

漏) 등의 증상이 나타난다.

(ㅁ) **중개 작용**

인체 내부의 각종 기관이나 장부 조직들은 상대적으로 독립되어 있으며 서로 간에는 기로 충만되어 있다.

따라서 인체의 각 장부 조직 기관은 서로 연결되어 있는데 그 중개 역할을 기가 한다.

인체 내부의 생명 정보를 승강출입 운동을 통하여 감응하여 인체의 각 부분에 전달하며 상호 간의 밀접한 연결 관계를 만든다.

또한 외부의 정보를 내장에 전달하고 내장의 각종 정보를 체표로 전달하는 것도 무형의 기작용에 의해 이루어진다.

예를 들면 장부에 있는 정기의 성쇠를 체표의 상응하는 조직 기관을 보고 판단할 수 있거나 내부 장부 간에 경락이나 삼초의 통도작용에 의해 서로 협조하는 것도 기의 역할이다.

또한 침이나 안마 등 외부의 자극으로 치료하는 것은 모두 기의 중개 작용에 의지하는 것이다.

(3) 인체 기의 장부와의 관계

① 신장은 생기지근(生氣之根)이다

신장은 선천의 정을 저장하는 장기로 후천의 정을 받아 충양한다.

선천의 정은 신장의 정을 말하며 선천의 정이 화생되어 선천의 기를 만든다. 따라서 이 기가 인체의 근본이 된다.

② 비위는 생기지원(生氣之源)이다

비장은 운화를 주관하고 위는 수납을 주관하는데 공동으로 음식수곡의 소화 흡수를 완성한다.

비장의 기가 수곡의 정을 위로 올려 심폐로 전하는데 혈과 진액으로 바뀐다.

수곡의 정과 화생한 혈과 진액은 모두 기로 변화하는데 이것을 수곡의 기라고 하며 전신의 경맥으로 퍼져나가 인체 기의 중요한 원천이 된다.

따라서 비위를 생기지원이라고 한다.

③ 폐는 생기지주(生氣之主)이다

폐는 기를 주관하며 종기(宗氣)를 생성하는데 기의 생성 과정 중에서 중요한 지위를 점유한다.

한 가지 방면은 폐가 호흡의 기를 주관하는 것으로 흡을 통해 청기(淸氣)를 마시고 호를 통해 탁기(濁氣)를 배출하는 기능을 수행하여 자연의 청기(淸氣)를 계속해서 체내로 흡입하고 사용한 탁기를 배출하여 체내의 기의 생성과 대사를 보증하는 것이다.

다른 하나는 폐에서 흡입하는 청기와 비기가 위로 올려 보내준 수곡의 기와 합하여 종기를 생성하는 것이다.

종기하는 가슴 중에 모여 호흡을 주관하고 심맥을 통해 혈기를 운행하며 하단전의 원기를 돕는다.

만약 폐주기(肺主氣)의 기능이 허약하면 종기 생성이 부족하게 되고 일신의 기가 쇠약하게 된다.

(4) 인체 기의 운동과 기화

① 기의 운동

(ㄱ) 기기의 개념

기의 운동을 기기(氣機)라고 하는데 인체의 기는 전신을 운행하며 안으로는 오장육부까지 운행되고 밖으로는 근골피모에 도달하여 그 생리 기능을 발휘하고 인체의 각종 생리 활동을 추동(推動)하고 격발(激發)한다.

(ㄴ) 기의 운동 형식

기의 운동 형식은 기의 종류와 기능에 따라 서로 다르지만 총체적으로 보면 승

(昇), 강(降), 출(出), 입(入)의 4가지 형식으로 이루어진다.

승은 기가 아래서 위로 올라오는 것이고 강은 아래로 하강하는 것이며 출은 안에서 밖으로 운행하는 것이고 입은 기가 밖에서 안으로 운행되는 것이다.

호흡을 예로 들면 탁기가 나가는 것은 출(出)이고 청기가 안으로 들어오는 것은 입(入)이다.

또한 호기(呼氣)가 폐를 향해 올라가 인후를 통과해 코로 나가는 것은 출(出)이면서 승(昇)이고 흡기(吸氣)가 코를 통해 아래로 내려가 인후와 폐로 들어가는 것은 입(入)이면서 강(降)이다.

인체 기의 승과 강, 출과 입의 운동은 대립 통일의 모순 운동이며 기체(氣體)내부에 광범위하게 존재한다.

장부의 국부 생리 특징으로 보면 간, 비장의 기는 올라가는 것이 위주가 되고 폐, 위의 기는 아래로 내려가는 것이 위주가 된다.

그러나 총체적인 생리 활동 입장에서 보면 기기(氣機)는 서로 협조 평형을 이루어야 한다.

기기의 정상 상태는 '기기조창(氣機調暢)'이라고 하는데 기는 필히 막힘없이 통창되어야 하고 승강출입의 협조평형을 유지하여야 한다.

㈐ 기의 운동이상의 표현형식

기 운동의 이상변화 출현은 승강출입 간의 협조 평형을 잃어버린 것으로 '기기실조'라고 부른다.

기의 운동형식은 각양각색인데 기기실조의 여러 가지 표현은 다음과 같다.

- 기기불창(氣機不暢)

  기의 운행이 저지당하거나 순조롭지 못한 것을 말한다.

- 기체(氣滯)

  기의 운행이 국부에서 막힌 것을 말한다.

- 기역(氣逆)

  기의 상승 작용이 태과하거나 하강 작용이 약한 것을 말한다.

- 기함(氣陷)

  기의 하강이 태과하고 상승이 약한 것을 말한다.

- 기탈(氣脫)

  기의 외출 작용이 태과하고 내수 작용이 약한 것을 말한다.

- 기폐(氣閉)

  기가 외부로 도달하지 못하고 안에 울결되어 막힌 것을 말한다.

② 기화

(ㄱ) 기화의 개념

기의 운동으로 생산되는 각종 변화를 기화라고 한다.

체내 정미물질의 화생이나 수포, 정미물질 간이나 정미물질과 역량 간의 상호전화, 폐물의 배설 등을 기화라고 한다.

(ㄴ) 기화의 형식

기화는 사실상 체내 물질의 신진대사 과정에서 물질의 전화와 역량의 전화 과정을 말한다.

그러므로 정, 기, 혈, 진액의 각자 대사 및 그 상호전화가 기화의 기본 형식이다.

예를 들면 정(精)의 생성(生成)은 선천지정의 충성(充盛)과 후천지정의 화생을 포괄한 것이고 정이 변화하여 기가 되는 것은 선천지정이 원기가 되고 후천지정이 곡기가 되는 것과 곡기가 분화하여 영기, 위기로 되는 것이며 정이 변화되어 수가 되고 정과 혈이 호화(互化)되고 진액과 혈이 호화되며 혈이 화생되고 그 기가 신이 되는 등이 기화의 구체적인 표현이다.

(5) 기의 분류

① 원기

원기는 인체의 가장 근본이 되는 기로 생명 활동의 원동력이 된다.

《난경》에서는 '原氣'라고 하고

《내경》에서는 '元氣' 또는 '原氣'라고 했는데 '元氣, 原氣, 眞氣'는 모두 같은 선천지기(先天之氣) 즉 원기를 칭하는 것이다.

㈀ **생성과 분포**

원기는 신장에 저장된 선천지정에서 화생된 것으로 삼초를 통하여 전신으로 흘러들어간다.

원기는 선천지정에서 화생되어 명문에서 만들어진다.

신장의 선천지정은 부모의 생식지정이 수정을 통하여 존재하며 출생 후에는 비위에서 화생되는 수곡지정이 자양하고 보충하여 충족된다.

따라서 원기의 충족 여부는 부모의 선천지정뿐만 아니라 비위운화 기능과 음식영양 및 후천지정의 화생 여부에 달려 있다.

만약에 선청지정의 부족으로 원기가 허약한 사람은 후천지정으로 배양한다면 어느 정도 보충이 가능하다.

그러므로 인생에서 비위지기(脾胃之氣)가 차지하는 비중이 적지 않다.

㈁ **생리 기능**

원기의 생리 기능은 크게 두 가지로 분류할 수 있다.

첫째는 인체의 성장 발육과 생식 기능을 추동하고 조절하는 기능이다.

둘째는 각 장부, 경락, 형체, 관규의 생리 활동을 추동하고 조절하는 것이다.

원기의 가장 중요한 작용은 신장의 기능과 같으며 신정의 주체는 선천지정이다. 그러므로 신정이 화생되어 신장의 기가 되는데 이를 신기(腎氣)라고 하며 구성 성분이나 기능 면에서 선천지기(先天之氣)와 거의 비슷하다.

② 종기(宗氣)

종기는 곡기와 자연계의 청기가 결합되어 가슴에 모여 있는 기를 말하며 후천지기에 포함된다.

종기의 생성은 일신지기의 성쇠와 밀접한 관련이 있으며《영추 · 오미》에서는 '氣海'라고 하며 '膻中'을 말한다.

(ㄱ) 생성과 분포

종기(宗氣)의 생성은 두 가지 방면으로 나뉘는데 비위운화의 수곡지정이 화생되어 만들어진 수곡지기와 폐의 호흡을 통해 들어오는 자연의 청기가 결합하여 종기를 만든다. 그러므로 비위의 운화 기능과 폐주기(肺主氣), 사호흡(司呼吸)기능의 정상 여부가 종기 생성과 성쇠를 결정한다.

종기는 가슴에 모여 위로는 호흡기를 통과하여 심맥으로 통하고 삼초를 통해 아래로 내려가는 방식으로 전신으로 포산(布散)된다. 그러므로 폐에서 나와 호흡기를 통하는 종기는 호흡을 주관하고 심맥으로 가는 종기는 혈액순환을 주관하며 삼초를 통해 아래로 내려가는 종기는 하단전으로 내려가 원기의 자원이 된다.

(ㄴ) 생리 기능

종기의 생리 기능은 호흡을 행하는 것과 혈액순환, 원기의 자원이 되는 세 가지 방면으로 나눌 수 있다. 호흡기를 통해 폐의 호흡을 추동하기 때문에 호흡은 물론 언어, 발성도 종기와 관련이 있다.

종기가 충성(充盛)하면 호흡이 균일하고 언어가 정확하며 목소리가 맑다. 반대로 부족하면 호흡이 짧거나 미약하고 언어가 정확하지 않으며 발성이 약하게 된다.

심맥으로 통하는 종기는 심장의 혈액순환을 촉진시키므로 기혈의 운행과 심장 박동과 관련이 있다.

종기가 충성하면 맥박이 적합하게 뛰고 속도가 일정하며 힘이 있다. 반대로 부족하면 맥이 조급하고 부정맥이 뛰거나 맥이 미약하고 무력하다.

그 외에 종기는 후천으로 생성된 기로 선천원기의 자원이 되는 작용이 있다.

삼초를 통하여 아래의 하단전으로 내려와 축적되어 원기의 자원이 되기 때문에 선천의 기와 후천의 기가 결합하여 일신의 기가 된다.

따라서 부모로부터 받은 정기는 한계가 있으며 원기의 화생도 일정한 종기가 없으면 한계가 있다.

그러므로 일신지기(一身之氣)의 성쇠는 종기의 생성으로 모아지고 종기의 생성은 비장과 폐의 생리 기능의 정상 여부와 음식 영양의 충족 여부로 취결된다.

일신의 기의 부족을 기허라고 하는데 선천의 책임은 신장에 있고 후천의 책임은 비장과 폐에 있다.

③ 영기(營氣)

영기는 맥(脈) 중에 운행되는 기운으로 구체적으로 영양 작용을 하는 기운을 말한다. 영양이 풍부하고 맥 중에서 영양을 쉬지 않고 운행하므로 영기라고 한다.

영과 혈은 밀접한 관계로 서로 분리할 수 없다. 따라서 영혈(營血)이라고 부른다.

㈀ **생성과 분포**

영기는 비위운화 기능에 의한 수곡정미에서 온 것으로 수곡지정이 수곡지기로 변화하여 그중 정화(精華) 부분이 화생하여 영기를 만들며 맥을 통하여 전신으로 퍼져 나간다.

㈁ **생리기능**

영기의 생리 기능은 혈액으로 화생하는 기능과 전신에 영양을 공급하는 두 가지 기능을 가지고 있다.

영기는 혈맥에 유주하여 전신으로 퍼져 나가고 장부와 사지백해 모두에 영양을 공급한다.

그러므로 영기는 전신 장부 조직에 생리 활동의 물질적 기초를 제공한다.

④ 위기(衛氣)

위기는 맥(脈) 밖을 운행하며 보위(保衛) 작용을 하는 기를 말한다.

인체를 보호하고 외부로부터 들어오는 사기를 막아내는 작용을 하기 때문에 위기라고 한다.

영기와 상대적 개념으로 위양(衛陽)이라고도 부른다.

㈀ **생성과 분포**

위기는 비위운화 기능에 의한 수곡정미에서 온 것으로 수곡지정이 수곡지기로 변화하여 그중 표한활리(慓悍滑利) 부분이 화생되어 위기를 만든다.

위기는 수곡지정에서 화생되어 맥 밖으로 운행되며 맥에 결속되지 않고 외부로는 피부나 땀구멍에 분포하고 내부로는 흉복부에 분포되어 전신으로 퍼져 나간다.

(ㄴ) 생리 기능

위기는 외사를 방어하고 전신을 온양하며 땀구멍을 조절하는 생리 기능을 발휘한다.

위기는 인체의 체표에 분포되어 있으며 외사의 침입을 막아내는 작용을 한다.

따라서 위기가 체표에 충성(充盛)하면 외부의 사기가 침범하지 못하며 위기가 허약하면 외사의 침범을 자주 받아 감기에 잘 걸린다.

위기의 전신 온후 작용은 안의 장부에서 밖의 피부까지 모두 위기의 온양에 의해 정상적으로 진행된다.

위기가 충족하면 인체의 안정된 체온 유지를 할 수 있으며 위기가 허약하면 풍, 한, 습 등의 음사가 피부를 침입하여 음이 성한 한성 질병이 나타난다.

그러나 만약 위기가 운행되다 어느 국부에 막히면 울결되어 퍼져 나가지 못해 양성의 열성병변이 나타난다.

또한 위기는 땀구멍의 개폐 작용을 통하여 땀의 배출을 촉진하거나 통제하는 조절 기능이 있다.

위기의 이 작용은 기의 고섭(固攝) 작용하는 일면과 기의 추동(推動) 작용하는 일면을 가지고 있는데 땀의 정상적인 배출을 통해 체온을 유지하고 체내외 환경과의 협조 평형을 유지한다.

3) 혈(血)

(1) 혈의 기본 개념

혈은 맥중(脈中)을 순행하고 영양이 풍부한 홍색 상태의 액체 물질로 인체를 구성하는 등 인체 생명 활동의 기본 물질 중 하나다.

맥은 혈액이 운행되는 관도로 혈액은 맥을 통해서 전신으로 순행한다. 따라서 맥은 '혈부(血府)'라고 한다.

맥은 혈액이 새어나가지 않도록 묶어서 운행시키며 내장에서 사지 끝까지 운행하는데 만일 어떤 원인에 의해 혈액의 맥중 운행이 늦어지거나 정체되면 어혈을 형성한다.

만일 외상 등의 원인에 의해 혈액이 맥중으로 운행되지 못하고 맥 밖으로 이탈하면 출혈을 형성하는데 이는 '이경지혈(離經之血)'이라고 한다.

이경지혈(離經之血)이 밖으로 나오지 못하고 흩어지면 어혈을 형성한다.

혈이 맥으로 순행하여 전신으로 흐르면서 영양과 자윤 작용을 하며 장부, 경락, 형체, 관규의 생리 활동에 필요한 영양 물질을 제공하여 인체 생명의 근본이 된다.

인체의 어느 부분이라도 혈액의 영양을 공급받지 못하면 생리 기능의 문란과 조직 구조에 손상을 입으며 심하면 생명이 위험하게 된다.

(2) 혈액의 생성과 운행

① 혈액의 생성

㈀ 화생지원(化生之源)

혈액 생성의 기본 물질은 수곡지정이다.

중초의 비위가 음식(수곡)을 수납하고 운화하여 그중 정미물질을 흡수하여 정이 영기로 변화한 물질과 유용한 진액이 맥 중으로 들어가 홍색으로 변하여 혈액이 된다. 그러므로 수곡지정이 화생한 영기(營氣)와 진액이 혈액 화생의 중요한 물질적 기초가 되고 구성 성분이 된다.

신정도 혈액을 화생하는 기본 물질이다.

정과 혈은 서로 자생하고 상호 전화하는 관계로 신정이 충족해야 간혈(肝血)로 변하여 혈액이 충실하다.

따라서 혈액은 수곡지정이 화생한 영기(營氣)와 진액 그리고 신정이 화생지원(化生之源)이 되는 것이다.

㈁ 혈액 생성과 상관 있는 장부 기능

㉠ 비위

영기와 진액은 혈액을 화생하는 중요한 물질로 영기와 진액 모두 음식(수곡) 정미물질이 비위의 운화전수 작용에 의해 생산된 것이다.

그러므로 비위는 혈액의 생화지원이라고 한다.

비위운화 기능의 건강 여부에 따라 수곡 영양 물질의 충족 여부가 결정되므로 혈액화생에 직접적인 영향을 끼친다.

만일 비위기능이 허약하거나 실조되면 장기적인 영양섭취가 불량하여 혈액생화지원이 결핍되어 혈허(血虛)의 병리 변화가 형성된다.

임상에서 혈허 증상을 치료할 때는 먼저 비위를 조절하고 운화 기능을 돕는 데서부터 출발하여야 한다.

㉡ 심폐

심폐의 생리 기능은 혈액의 생성 과정에서 중요 작용이 일어난다.

비위의 수곡정미의 운화로 화생된 영기와 진액은 비장이 심폐로 올려 보내면 폐는 흡입한 청기와 결합시켜 심맥(心脈)에 모이고 심기의 작용에 의해 홍색으로 변하여 혈액이 된다.

㉢ 신장

신장정(腎臟精), 정생수(精生髓), 정수(精髓)는 혈액화생의 기본 물질 중의 하나다.

신장의 정기가 충족하면 혈액화생의 원료가 있는 것이며 동시에 신정(腎精)이 충족하고 신기가 충분하면서 비위운화 기능도 촉진시켜 혈액의 화생을 돕는다.

만일 신정이 부족하면 혈액의 생성이 부족하게 된다.

그러므로 임상에서 때때로 혈허(血虛) 병증을 치료하면서 보신익정(補腎益精)의 방법을 택하는데 이것은 신정(腎精)과 신기(腎氣)의 작용을 증강시키기 위한 것이며 비위의 기능과 정혈 간에 호생호화(互生互化)를 촉진시킨다.

② 혈액의 운행

㈀ 혈액 운행에 영향을 미치는 요소

혈은 음(陰)에 속하고 정(靜)의 성질을 갖는다.

따라서 혈액의 운행에는 추동하는 동력이 필요하며 이런 동력은 기의 추동 작용과 온후 작용에 의지한다.

만일 기의 추동과 온후 작용이 허약하면 혈액 운행이 느려지고 사지가 차게 된다.

그러나 양기의 추동과 온후 작용의 촉진만 있고 음기의 영정(寧靜), 양윤(凉潤) 작용의 억제가 없다면 혈액의 운행이 과속되어 맥이 빨라지고 작아진다.

따라서 음양의 두 기가 적절히 조화를 이루어 일정한 속도를 유지하여야 한다.

혈액은 맥 중으로 정상 운행되려면 일정한 고섭(固攝)이 있어야 하는데 이런 고섭 작용은 기의 고섭 작용에 의지한다.

따라서 기의 추동과 고섭 작용, 온후 작용, 양윤(凉潤) 작용 간에 협조 평형이 혈액의 정상 운행을 보증하는 주요 인소가 된다.

혈액의 질은 혈액의 맑고 탁함과 점성의 상태를 말하는데 모두 혈액의 정상운행에 영향을 미친다.

만약 혈액 중에 담탁(痰濁)이 많거나 혈액이 끈끈하면 혈액이 정상으로 운행되기 어렵다.

따라서 혈액의 질도 혈액의 정상 운행에 필요한 인소가 된다.

그 밖에 병사의 영향을 고려해야 하는데 양사(陽邪)가 침입하거나 내열이 있으면 양열(陽熱)이 항성하는 병변이 나타나는데 양이 성하면 추동 작용이 태과 되어 혈액이 망행(妄行)하게 되거나 맥이 손상되어 혈액이 밖으로 유출되어 출혈이 나타난다. 음사가 침입하거나 찬 기운이 중초에서 나타나면 음한편성(陰寒偏盛)의 병변이 나타나 맥이 수축되어 잘 통하지 않아 혈액의 운행이 느려지고 심하면 어혈이 나타난다.

ㄴ) 혈과 관련된 장부의 기능

혈액의 정상 운행은 심, 폐, 간, 비 등 장부의 기능과 밀접한 관계가 있다.

심주혈맥은 심기의 추동 작용에 의해 혈액이 전신으로 운행되는 것을 말한다.

심장, 맥관과 혈액은 서로 상대적이면서 독립적으로 구성되어 있다.

따라서 심기의 충족이 혈액순환이 주도하는 추동 기능의 정상 여부와 관계가 있다.

폐조백맥, 주치절은 심장이 전신 혈맥을 주관하는 것을 보조한다는 의미다.

폐기의 선발숙강 작용은 전신의 기의 운동을 조절하고 기의 승강에 따라 혈액을 전신으로 운행한다.

특히 종기는 심맥을 통해 혈기를 운행한다.

간의 소설(疏泄) 작용은 기기(기의 운동)를 잘 통하게 하여 혈액이 원활하게 운행될 수 있도록 한다.

간은 혈액을 저장하고 혈액량을 조절하는 기능이 있는데 인체 각 부분에 필요한 혈액을 간의 소설 기능의 협조를 받아 혈액량을 조절하고 혈액순환의 혈류량의 평형을 유지하며 동시에 간장혈(肝臟血)의 기능에 의해 혈액이 맥 밖으로 유출되지 않도록 하여 출혈을 막아준다.

비주통혈(脾主統血)은 비기가 왕성하면 혈액이 맥 밖으로 이탈하지 않도록 하여 출혈을 막아준다.

종합하면 심기의 추동 작용, 폐기의 선발숙강 작용, 간기의 소설 작용은 혈액운행을 추동하고 촉진시키는 중요한 인소가 되며 비기의 통섭과 간기의 혈을 저장하는 기능은 혈액 운행을 고섭 통제하는 중요한 인소이다.

따라서 심, 간, 비, 폐 등의 장기의 생리 기능의 상호 협조와 밀접한 배합이 혈액운행의 정상 실현을 보증한다.

만약 하나의 장기라도 생리 기능에 이상이 생기면 혈액 운행에 이상이 나타난다.

㈐ 혈의 기능

㉠ 유양(濡養)

혈액은 수곡정미물질이 화생한 것으로 인체에 필요한 각종 영양 물질을 함유하고 있다.

혈은 맥으로 순행하면서 내장에서부터 피육근골까지 쉬지 않고 유양과 자윤 작용을 하여 각 장부 조직 기관의 생리 활동이 발휘될 수 있도록 하고 생명 활동을 정상적으로 유지한다.

혈량의 충성(充盛) 여부는 안면의 색, 근육, 피부, 모발, 감각과 운동 등으로 나타나는데 혈량이 충분하여 유윤 작용이 정상이면 안면색이 홍윤하고 근육이 건실하며 피부와 모발이 윤택하고 감각이 영민하며 운동이 자연스럽다.

만일 혈량이 적으면 얼굴색이 누렇고 근육이 왜소하며 피부가 거칠고 모발은 윤기가 없으며 사지가 마비되고 운동이 무력한 증상 등이 나타난다.

㉡ 화신(化神)

혈은 기체(氣體) 정신 활동의 물질적 기초로 인체의 정신 활동은 필히 혈액의 영양을 얻어야 하며 물질의 기초가 충성(充盛)해야 정신의식 활동이 원활하게 된다.

인체의 혈기가 충성하고 혈맥이 조화로운 상태에서 정신은 원활하고 신지(神志)는 맑으며 감각은 영민하고 사유(思維)는 민첩하다.

반대로 여러 가지 원인에 의해 혈액이 고갈되면 혈액순환에 이상이 발생하고 각각 다른 정도의 정신적 이상이 나타난다.

예를 들면 정신이 피폐하고 건망증, 불면증, 다몽(多夢), 번조(煩燥), 경계(驚悸) 등이 나타난다.

4) 진액(津液)

(1) 진액의 기본개념

진액은 기체의 모든 정상 수액의 총칭이며 인체 각 장부와 형체, 관규 내에 들어 있는 액체와 정상 분비물을 포함한다.

진액은 인체를 구성하고 생명 활동을 유지하기 위한 기본 물질 중의 하나다.

진액은 그 범위가 아주 광범위한데 기체 내의 장부 안에 저장되어 있는 정과 맥으로 운행되는 혈액 외에 인체 내의 정상 액체는 모두 진액에 해당한다.

진액은 진과 액의 총칭으로 두 가지 간의 성상(性狀), 분포, 기능은 서로 다르다. 진액 중에서 질이 비교적 엷고 맑으며 유동성이 크고 체표피부 또는 기육(機肉)과 공규(孔竅)까지 포산(布散)되며 혈액으로 스며들어 자윤 작용을 일으키는 것을 진(津)이라고 한다.

그리고 진액 중에서 질이 비교적 농후하고 유동성이 적으며 골절, 장부, 뇌, 골수 등에 머무르면서 유양 작용을 하는 것을 액이라고 한다.

(2) 진액의 대사

진액의 체내 대사 작용은 진액의 생성, 수포와 배설 등 한계열의 생리 활동의 복잡한 과정이다.

이 과정은 여러 장부의 생리 기능에 영향을 미치며 여러 장부의 상호 협조 배합의 결과이다.

① 진액의 생성

진액은 음식수곡에서 오는 것으로 비위의 운화를 통해 관련된 장부의 생리 기능으로 생성된다.

위, 소장, 대장에서 흡수한 수곡정미물질과 수액은 비장으로 올려 보내고 비장의 전수(轉輸) 작용에 의해 전신으로 퍼져나간다.

그러므로 진액 생성과 연관이 있는 장부는 비, 위, 소장, 대장이다.

동병이치(同病異治)와 이병동치(異病同治)란?

약선 음식으로 질병을 치료 · 예방할 때 변증에 따라 동병이치 · 이병동치로 나눌 수 있다.

① 동병이치(同病異治)

질병의 종류가 같더라도 치료 방법은 달라질 수 있다는 의미이다.

같은 종류의 질병이라도 발병 시기, 지역, 각자의 면역력이나 병에 걸린 기간에 따라 병의 단계가 다르다. 따라서 같은 병이라도 증(證), 즉 증상이 다르면 치료 방법은 달라져야 한다.

예를 들면 감기는 풍한(風寒), 풍열(風熱), 풍조(風操), 풍습(風濕), 기허(氣虛)로 분류

- 풍한감기에는 신온해표(辛溫解表), 풍열감기에는 신량해표(辛凉解表)
- 풍조감기에는 신윤해표(辛潤解表)
- 풍습감기에는 거습해표(去濕解表)
- 기허감기에는 익기해표(益氣解表) 등의 약선으로 구별하여 치료한다.

② 이병동치(異病同治)

질병이 다를지라도 발전 변화 과정 중 증(證), 즉 증상이 같으면 동일한 약선으로 치료하는 것을 말한다.

예를 들어 위하수, 신장하수, 자궁하수, 탈장, 설사 등은 서로 다른 병변이지만 발전 변화 과정 중 대부분 비슷한 병리 현상인 '중기하함(中氣下陷)'이 나타나는데 이 경우에는 중기(中氣)를 위로 올려주는 동일한 약선으로 치료한다.

비기의 운화 기능이나 위장의 흡수 기능이 실조되면 진액 생성에 영향을 미치며 진액 부족의 병변이 나타날 수 있다.

② 진액의 수포

진액 수포는 비, 폐, 신, 간과 삼초 등 장부 생리 기능의 협조 배합으로 완성된다.

비장의 진액에 대한 수포 작용은 《내경》에서 '비기산정(脾氣散精)'이라고 했는데 이것은 하나는 비장이 수액을 폐로 보내 선발 숙강 작용에 의해 전신으로 보

내는 것을 말하고 다른 하나는 비장이 직접 진액을 네 방향으로 포산(布散)시키는 작용을 말한다.

폐주선발 숙강 작용과 통조수도 작용은 폐가 비장으로부터 진액을 전수받아 하나는 선발 작용에 의해 신체 외부나 상부로 포산하는 것을 말하며 다른 하나는 숙강 작용에 의해 진액을 신체 하부와 내부의 장부로 수포하여 장부대사 후 탁액이 발생하면 신장과 방광으로 보낸다.

따라서 '폐위수지상원(肺爲水之上源)'이라고 한다.

만약 폐기의 선발 숙강작용이 실조되면 수액수포 통로의 소통이 원활하지 못해 진액 운행에 장애가 되어 수(水)가 기도에 모여 담음(痰飮)을 형성한다.

심하면 수가 범람하여 수종을 만든다.

신장은 수장(水臟)으로 진액의 수포대사 작용을 주재한다.

《소문 · 역조론》에는 "신자수장, 주진액(腎者水臟, 主津液)"이라고 기재되어 있는데 한 가지 방면은 신기가 인체의 수액수포 대사를 추동하고 조절하는 것을 말한다. 만일 신기 허약으로 진액 수포의 추동 작용과 조절 작용에 이상이 생기면 진액의 정상 수포에 영향을 미치고 심하면 수액수포 대사가 멈추는 현상까지도 나타난다.

또 다른 방면은 신장본신이 수액대사에 참여하는 것으로 장부대사로 발생한 탁액과 폐기의 숙강 작용에 의해 신장과 방광으로 내려온 수액 그리고 신장의 증화(蒸化) 작용을 거친 수액 중에서 맑은 것은 다시 흡수하여 전신수액수포대사에 참가하게 하고 그중에서 탁한 것은 소변으로 배출시킨다.

이것이 승청강탁(昇淸降濁) 작용으로 전체 수액수포대사의 협조 평형을 유지하는 데 중요한 의의가 있다.

간주소설 작용으로 기기가 원활하고 기가 잘 통하면 수(水)도 잘 통하여 수도가 통창하며 수액수포가 잘된다.

만일 간의 소설 기능이 실조되면 기의 흐름이 울결되고 수액의 수포에 영향을 끼쳐 수액이 정체되어 담음이 생산되거나 수종이 발생하고 담기(痰氣)가 서로 뭉쳐 매핵기(梅核氣), 갑상선종, 복수 등의 병증이 나타난다.

삼초는 수액과 여러 가지 기가 운행되는 통로다.

삼초가 잘 통해야만 여러 장부의 진액 수포가 통창되며 진액의 승강출입이 원활하다.

만일 삼초의 수도가 불리하면 수액이 정체되고 여러 가지 질병을 유발한다.

③ 진액의 배설

진액의 배설은 대부분 소변과 땀으로 이루어지며 호흡이나 대변으로도 일부분은 배설된다.

그러므로 진액의 배설은 신장, 폐, 비장의 생리 기능과 연관된다.

신장은 수장(水臟)으로 신기의 증화(蒸化) 작용에 의해 요액을 만들어 방광에 축적하고 일정량이 되면 배출한다.

또한 요액의 축적 과정에서 요액이 유출되지 않도록 신기의 고섭 작용에 의지한다. 만약 신기의 증화 작용이 안 되면 요소(尿少), 요폐(尿閉), 수종 등 배설 장애의 병변이 발생하고 상하 피부로 유출되어 부종을 일으킨다.

신기의 고섭 작용에 문제가 생기면 요실금이 나타난다.

폐기의 선발 작용에 의해 진액이 체표의 피모(皮毛)까지 수송되며 진액이 기의 증등격발 작용으로 땀이 형성되고 땀구멍을 통해 체외로 배출된다.

땀구멍은 기문(氣門)이라고 하며 폐기의 선발 기능에 의해 진액을 배설하는 작용을 한다.

그 밖에 호흡을 통해 수액을 배설한다.

만일 폐기의 생리 기능에 이상이 있어 선발 기능에 이상이 생기면 한액(汗液) 배출에 이상이 나타난다.

배변 시에도 대장에서 일정한 진액이 배출되는데 정상일 때에는 적당한 수분을 함유한다.

만약 비위운화 기능에 이상이 생기면 장에서 흡수하는 기능에 이상이 생겨 수곡 중의 정미물질과 음식물 찌꺼기가 모두 내려오면서 변이 묽고 엷게 나오며 음식수곡의 정화(精華) 물질을 흡수하지 못하고 심하면 위액, 장액까지 유실되어 체내 진액의 손상을 일으키고 탈액(脫液)의 병변을 발생시킨다.

(3) 진액의 기능

① 자윤유양(滋潤濡養) 작용

진액은 액체 상태로 자윤 작용을 한다.

진액 중에 함유되어 있는 풍부한 영양 물질은 유양 작용을 한다.

자윤과 유양은 서로 보완작용을 하며 함께 형성된 것으로 분할하기가 어렵지만 진(津)의 질은 비교적 맑고 엷은 것으로 자윤 작용이 강하고 액은 진한 것으로 유양 작용이 비교적 강하다.

체표로 포산된 진액은 피모(皮毛)나 기육(肌肉)을 자윤하고 체내로 스며드는 진액은 장부를 유양하고 공규(孔竅)에 모인 진액은 이, 목, 구, 비 등을 자윤하며 뼈, 척추, 뇌에는 골수, 뇌수, 척수를 충양하고 관절로 유입되어 관절을 자윤하여 활동을 편하게 한다. 만약 진액이 부족하면 자윤과 유양 작용을 잃어 장부나 인체 조직의 생리 활동에 이상이 발생한다.

② 충양혈맥(充養血脈) 작용

진액은 맥으로 들어가 혈액의 중요한 조성성분이 된다.

따라서 진액은 혈액의 농도를 조절한다.

혈액 농도가 높으면 진액은 맥 안으로 들어가 혈액을 희석하고 혈액량을 보충한다. 그리고 기체(機體)에 진액이 부족하면 혈액 중의 진액은 맥 밖으로 나와 진액을 보충한다.

이렇게 진액은 맥의 내외에서 삼투작용을 하여 인체의 생리 · 병리 변화에 따라 혈액의 농도를 조절하며 정상 혈액량을 유지하고 혈맥에서 잘 흘러가도록 하는 역할을 한다.

진액과 혈액은 모두 수곡정미물질에서 화생되는 것으로 서로 삼투, 전화하므로 '진혈동원(津血同源)'이라고 한다.

그 밖에 진액의 대사는 기체내외환경(機體內外環境)의 음양 평형을 조절하는 중요한 작용을 한다. 기후가 덥거나 인체에 발열이 있으면 땀이 밖으로 배출되면서 체온 조절을 한다.

3. 변증시선(辨證施膳)

1) 변증의 개념

변증이란 동양의학에서 인체의 건강 상태를 진단하고 질병을 인식하는 기본 원칙을 말한다. 음식으로 질병을 치료하는 것을 '식료(食療)' 또는 '식치(食治)'라고 하였다.

현대에 와서는 약선이라고 한다.

동양의학 이론을 근거로 하여 변증을 하고 그 변증을 기초로 하여 이에 상응하는 약선 즉 약이 되는 음식을 만들어 질병을 치료하거나 예방하여 건강한 상태를 만들어주는 것을 '변증시선(辨證施膳)'이라고 한다.

서양의학에서는 병명을 정하여 치료를 결정하지만 동양의학에서는 변병(辨病)만으로 치료를 하기보다는 변증(辨證)을 하여 변증에 적합한 처방을 선택한다. 따라서 같은 병이라도 증형(證型)이 다르면 치료 방법이 달라지며 다른 병이라도 같은 증형이면 치료 방법은 같아진다.

동양의학에서 변증 방법은 여러 종류가 있는데 질병의 특성에 따라 선택하여 응용한다. 변증 방법에는 팔강변증(八綱辨證), 장부변증(藏腑辨證), 기혈진액변증(氣血津液辨證), 병인변증(病因辨證), 육경변증(六經辨證), 위기영혈변증(衛氣營血辨證), 삼초변증(三焦辨證), 경락변증(經絡辨證) 등 여러 가지가 있으나 약선에서는 주로 기혈진액변증, 장부변증, 병인변증, 팔강변증을 사용한다.

장부변증은 인체의 중심이 되는 오장육부를 중심으로 구별하는데 장부변증을 쉽게 말하면 인체의 장부 기능의 성쇠(盛衰)와 실조(失調)를 구별하는 것이다.

흔히 "간이 안 좋다고 하거나 심장이 안 좋다" 등으로 표현하는데 이런 표현은 너무 광범위해서 장부의 병증을 설명하기에는 적합하지 않다.

따라서 장부에 팔강변증과 기혈진액변증을 결합하여 구체적으로 간의 혈이 부족한 건지 아니면 간의 기운이 너무 강해 건강에 문제가 되는지 등을 구별하여 약선을 제공하는 것이 효과적이다.

가장 기본이 되는 세 가지 변증법을 식생활에 적용하여 병증을 구분하고 식품의 특성, 즉 식품의 성질(性質), 오미(五味), 귀경(歸經), 오색(五色) 등을 파악하고 그 기능과 효능을 이해하여 배합하여야 한다.

이러한 배합분석을 통해 과학적인 조리방법으로 약선 음식을 만들어 제공함으로써 건강을 유지하게 하는 것이 변증시선(辨證施膳)이다.

2) 변증내용

(1) 팔강변증(八綱辨證)

팔강변증(八綱辨證), 즉 음(陰), 양(陽), 표(表), 이(里), 한(寒), 열(熱), 허(虛), 실(實)은 변증논치(辨證論治)의 이론적 기초가 되는데 한방진단을 통해 증상을 구분하고 병의 부위, 성질과 성쇠, 인체정기의 강약을 살펴 분석 · 종합하여 위의 여덟 개 항목에 귀납시켜 변증하는 것을 말한다.

다시 말해서 병의 깊고 낮음에 따라 표 · 이(里)를 구분하고 병의 성질에 따라 한 · 열을 구분하며 사기(邪氣)와 정기(正氣)의 성쇠에 따라 허 · 실을 구분하였으며 병증의 종류를 구별하여 음 · 양을 나누는 방법이다.

≪황제내경 · 소문편 음양응상대론≫에는 이 8개 항목이 나오며 ≪상한론≫에서도 응용하였다.

① 표증

표증은 육음(六淫), 바이러스, 세균, 벌레의 독 등의 사기가 인체의 피모, 입, 코를 통해 들어와 인체의 정기와 싸우는 것을 말한다. 병의 상태는 비교적 가볍고 외감병(外感病) 초기에 많이 볼 수 있다.

임상에서 표증은 갑자기 발병하며 기간은 짧은 것이 특징이다.

② 이증

병변이 내부에 있는 것으로 장부, 기혈, 골수 등의 병변을 말한다.

이증은 범위가 넓고 급하게 발생하나 천천히 진행되고 병의 상태는 비교적 중하고 기간이 긴 것이 특징이다.

③ 한증

한사가 성한 표현을 한증이라고 하며 양이 허한 경우도 한증으로 나타난다.

외부의 한사가 침범하거나 생(生), 냉(冷), 한(寒), 양(凉)의 음식물을 과도하게 섭취함으로 인하여 급작스럽게 발생한다. 한증은 실한증(實寒證)과 허한증(虛寒證)으로 구분한다. 신체가 건장한 사람은 주로 실한증이 많고, 병을 오래 앓아 양기의 소모가 많은 사람은 주로 허한증이 많다. 또한 한사가 피부를 침범하면 표한증(表寒證)이고 한사가 장부를 침범하거나 양기가 고갈되어 나타난 증상은 이한증(里寒證)으로 구분한다.

임상에서는 오한이 들고 추위를 많이 타며 따뜻한 것을 좋아하고 손발이 차며 침이나 콧물이 맑고 연하며 소변이 길고 맑으며 얼굴색이 백색으로 나타난다.

④ 열증

양이 성한 표현으로 열이 많이 나는 증상을 말하며 음허로 열이 나기도 한다. 열증은 실열증(實熱證)과 허열증(虛熱證)으로 구분한다.

실열증(實熱證)은 화열(火熱)의 양사가 침입하거나 맵고 열성인 음식을 많이 섭취하였을 때, 또는 체내 열이 쌓여 성하였을 때 주로 발병한다. 신체 건장한 사람은 실열증이 많고, 내상으로 오래 병을 앓거나 음액(陰液)이 손상된 사람은 주로 허열증(虛熱證)이 많다.

그리고 열사(熱邪)가 체표에 침입하면 표열증(表熱證)이 많고 열사가 장부에 침입하거나 음액(陰液)이 손상되어 발병하면 이열증(里熱證)이 많다.

임상에서는 발열이 있고 목이 마르며 찬 것을 좋아하고 얼굴이 붉어지며 초조해 하며 코나 침이 노랗고 끈적거리며 소변이 노랗다.

⑤ 실증

인체에 외사가 침입하였거나 질병 과정 중 음양기혈(陰陽氣血)의 실조 또는 병리산물로 인하여 발생되는 각종 임상 증후를 말한다.

실증은 사기가 성하거나 병리산물이 적체되고 기혈순환이 정체되어 나타나며 정기(正氣)는 아직 쇠약해지지 않아 항병능력이 있는 상태를 말한다.

⑥ 허증

인체의 정기가 쇠약하거나 부족하여 발생하는 각종 허약한 증후를 말한다. 인체의 정기(正氣)라 하는 것은 양기, 음액, 정, 혈, 진액, 영, 위 등을 말하며 따라서 각종 허약 증후는 양허, 음허, 기허, 혈허, 진액고갈, 정수고갈, 영허, 위기허 등으로 구별한다.

허증은 주로 선천적으로 약하게 태어났거나 후천적인 각종 균형실조 또는 질병으로 인해 신체가 손상되어 나타난다. 예를 들면 섭생실조, 영혈생화(營血生火) 부족, 칠정(七情)에 의한 손상, 과로, 과도한 정기(正氣)소모, 외상 등이 있다.

⑦ 음증(陰證)

음양학설에 근거하여 병사(病邪)의 성질이 음에 속하는 것을 말하며 음사(陰邪)가 질병을 일으키는 것을 말한다. 주로 기능을 억제시키거나 가라앉히고 쇠퇴하는 증후로 이증(里證), 한증(寒證), 허증(虛證)이 여기에 속한다.

⑧ 양증(陽證)

음양학설에 근거하여 병사의 성질이 양에 속하는 것을 말하며 양사(陽邪)가 일으키는 질병을 양증이라고 한다. 주로 흥분(興奮), 조동(躁動), 항진(亢進) 등의 특징을 가진 증후로 증상표현은 외적이고 위로 향하며 증세가 급박하다.

따라서 표증(表證), 열증(熱證), 실증(實證)이 여기에 속한다.

(2) 병인변증

모든 질병의 증후는 발병되는 인소의 작용과 인체 내부의 어떤 반응에 의해 나타난다.

그러나 병인에 따른 변증은 그 범위가 너무 넓어 일반적으로 병인학(病因學)을 기초로 하여 여러 가지 병인이 인체에 침범해서 일어나는 각종 증후를 변증하는 방법을 이용한다.

▌병인 분류▐

① **육음(六淫)**

풍(風), 한(寒), 서(暑), 습(濕), 조(燥), 화(火)가 인체를 침범하여 질병을 일으키는 것을 말한다.

② **역병(疫病)**

역기(疫氣) 즉 외부에서 들어온 전염성이 강하고 강렬한 병사로 인해 질병이 나타나는 것을 말한다.

③ **칠정내상(七情內傷)**

감정과 밀접한 관계가 있는 정신적인 손상으로 화냄(怒), 기쁨(喜), 사려(思), 슬픔(悲), 근심(憂), 두려움(恐), 놀람(驚)으로 인해 장부가 손상되어 질병이 나타나는 것을 말한다.

④ **병리산물(病理產物)**

담음(痰飮), 어혈(瘀血), 결석(結石)으로 인해 나타나는 질병을 말한다.

⑤ **섭생실조(攝生失調)**

배고픔, 폭식, 폭음, 위생불결, 편식 등으로 인해 질병이 나타나는 것을 말한다.

⑥ 과로(過勞)

노동과로, 정신과로, 방사과로 등으로 인해 인체가 손상되는 것을 말한다.

⑦ 외상(外傷)

낙상, 교통사고, 화상, 동상, 충독(蟲毒) 등으로 일어나는 질병을 말한다.

⑧ 기생충(寄生蟲)

각종 기생충으로 인해 나타나는 질병을 말한다.

이런 병인의 특성을 구별하여 병리 본질을 파악하는 방법을 병인변증이라고 말한다.

(3) 기혈진액변증

장부학설과 관계가 있는 기(氣), 혈(血), 진액(津液)의 이론을 응용하여 기혈진액의 병변을 분석하고 서로 다른 증후를 반영하여 변증한다.

기혈진액은 모두 장부 활동의 물질적 기초로서 장부 활동에 의해 생성되고 운용된다.

장부는 기혈진액의 병변에 영향을 받는 관계로서 장부변증과 가장 밀접한 변증방법이다.

① 기허(氣虛)

기운이 부족하여 나타나는 증상을 말하며 기운이 함몰되거나 기운이 약하여 몸에 필요한 정상적인 물질들을 주재(主宰)하지 못하여 나타나는 증상이다.

또한 기운이 탈진되는 현상이 모두 포함된다.

기의 기능인 추동(推動) 작용, 온후(溫煦) 작용, 고섭(固攝) 작용, 방어(防禦) 작용, 기화(氣化) 작용 등의 기능의 부족으로 장부 조직의 기능 활동이 약하여 나타나는 허약 증후를 말한다.

예를 들면 기운이 없고 목소리에 힘이 없으며 어지럽고 식은땀이 나오고 활동을 하면 그 증상이 심해지는 등의 현상이 나타난다.

② 기체

기운이 정체되어 뭉쳐 있거나 내려가야 할 기운이 위로 역류하는 현상 또는 기운이 막혀서 나타나는 증상을 말한다.

기체증(氣滯證)은 기울증(氣鬱證), 기결증(氣結證)이라고도 하며 인체의 어떤 부분 혹은 어떤 장부경락에 기운의 흐름이 정체되어 기의 운행이 잘 안 되는 증후의 표현이다.

임상표현으로는 통증 부위가 광범위하고 자주 이동하며 가벼운 증상으로는 창만하고 막히는 듯한 느낌이 들며 심한 증상으로는 통증이 심하게 나타난다.

또한 증상이 심해졌다 나아지고 다시 심해지는 등 변화가 심하다.

③ 혈허(血虛)

혈액이 부족하여 장부와 경락 그리고 인체 조직을 유양하지 못하여 나타나는 증상이나 과도한 출혈로 인해 혈액이 부족하여 나타나는 증상을 말한다.

임상표현으로는 얼굴색은 창백하거나 누렇고 광택이 없으며, 손톱이나 발톱은 하얗고 어지러우며 불면증이 나타나고 이명 현상이나 가슴이 두근거리는 등의 증상이 있다.

④ 혈어(血瘀)

경맥을 떠난 혈액이 정상적으로 배출되거나 소산되지 못하고 어떤 부위에 머물러 혈액 운행을 원활하지 못하게 하고 경맥에 쌓여 있거나 장부나 조직 기관에 응체된 상태로 있어 그 생리 기능을 하지 못하게 되는 혈액을 어혈이라고 한다.

이 어혈이 안으로 막혀 만든 증후를 어혈증이라고 한다.

임상표현으로는 바늘로 찌르는 것 같은 통증이 있으며 부위가 고정되어 있고 밤에는 그 증상이 심해진다. 얼굴색이 어둡고 입술이나 혀에 반점이 나타나기도 하며 여성들은 생리색이 검고 덩어리가 있으며 생리통이 나타나기도 한다.

어혈(瘀血)을 형성하는 원인

- 외상이나 실족에 의해 경맥을 떠난 혈액이 정상적으로 배출되거나 소산되지 않고 축적된다.
- 기체로 혈액의 운행이 잘 통하지 않거나 기허로 추동작용이 무력하여 혈맥이 응체되어 어혈을 형성한다.
- 혈한(血寒)으로 혈액이 차서 혈맥이 응체되거나 혈열로 혈액이 졸아들어 응집되거나, 습열, 담화로 혈락이 막혀 통하지 않으면 혈액운행이 잘 안 되어 어혈이 형성된다.

⑤ 담증(痰證)

수액이 안으로 응취되어 형성된 병리성 산물로 그 질은 점성이 강하다. 담탁(痰濁)이 장기 조직에 정체되거나 어떤 부위 혹은 전신을 돌아다니며 나타나는 증후를 담증이라고 한다.

임상표현은 응집되어 있는 부위에 따라 다르게 나타난다.

⑥ 음증(飮證)

체내에 수액이 정체되어 병리적 산물로 전환되는 것을 말하며 그 질은 엷고 묽다. 음사가 위장, 심폐, 흉협 등의 부위에 정체되어 나타나는 증후를 음증이라고 한다.

⑦ 수정증(水亭證)

수기가 폐, 비, 신 등의 장부에서 수포(輸布)되는 기능 이상으로 인해 수기가 정체되어 병리성 산물을 형성하는 것을 말한다.

⑧ 진액휴허증(津液虧虛證)

체내 진액이 부족하여 장부조직이나 오관을 자윤(滋潤), 유양(濡養)하지 못하거나 진액이 충분하지 못한 병리적 표현을 말한다.

장부변증약선

Ⅱ

Ⅱ 장부변증약선

장부의 생리 기능과 병리 표현을 근거로 질병 증후를 분석 귀납하여 질병의 병기(病機)를 파악하여 병변의 부위, 성질, 정기와 사기의 성쇠를 구별하는 변증방법이다.

주로 내상병변을 변증하는 것으로 내장기능 실조나 장부와 각 조직 간의 상호 연계를 활용하여 변증하므로 변증을 할 때 정체관념(整體觀念)에서 출발하여 전면적이고 정확한 변증을 하여야 한다.

제1절 심장

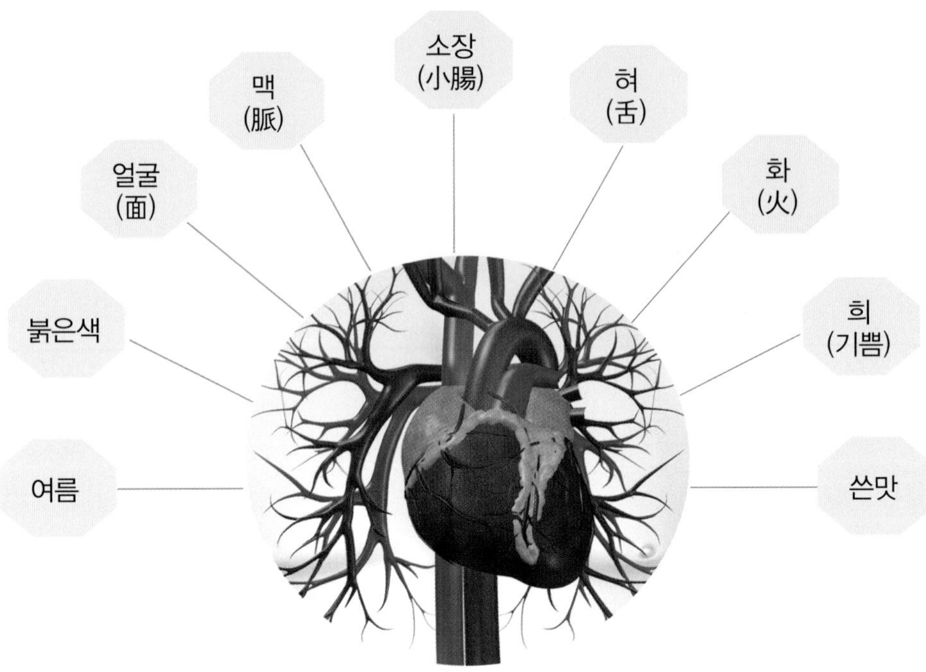

▌주요 생리기능▐

- 주혈맥(主血脈): 혈액을 혈맥을 통하여 지속적으로 보냄으로써 인체에 영양공급을 하는 작용
- 주신명(主神明): 신을 저장하고 정신의식을 주관하는 작용

▌주요 임상표현▐

심장에 병변이 생기면 혈액순환과 의식사유활동 등에 이상이 나타난다.

- 임상표현: 심계(心悸), 정충(怔忡), 심통(心痛), 심번(心煩), 불면증, 다몽(多夢), 건망증, 신혼(神昏), 의식착란, 부정맥 등이 나타난다.

1. 심장의 변증시선

1) 허증

(1) 심기허증(心氣虛證)

심장기능이 저하되어 나타나는 증상으로 심장 박동이 약하고 혈액이 잘 통하지 않아 심장뿐만 아니라 전체적으로 혈액순환이 잘 되지 않는다.

① 증상

심장이 두근거리고 무서움증이 나타나며 숨이 차고 가슴이 답답하며 불면증이나 통증이 있어 활동을 하면 증상이 더욱 심해진다. 땀이 잘 나고 얼굴색이 희고 정신이 피로하다.

혀는 담백하고 설태는 백색이다.

맥은 약하고 무력하거나 부정맥이 나타난다.

② 원인

선천적으로 약하게 태어났거나 오래 병을 앓아 체력이 쇠약해지거나 혹은 땀을 너무 많이 흘렸을 때 나타난다.

③ 현대의학

자율신경실조증, 심근염, 관상동맥죽상경화증, 풍습성 심장병, 각종 심기능저하, 부정맥 등의 심장병에 자주 나타난다.

④ 치료 원칙

심기를 보하는 것이다.

⑤ 약선 식품

인삼, 황기, 대추, 백자인, 구감초, 태자삼, 가시오가피, 버섯, 황화채, 대추, 연자, 대두제품, 메추리알 등이 있다.

⑥ 약선

인삼양영탕, 익기총명환, 십전대보탕, 황기연미죽, 인삼탕원, 인삼연육탕 등이 있다.

(2) 심양허증(心陽虛證)

심양허증은 심기허증이 더욱 발전되어 나타나는 증상으로 심장의 온열 작용이 저하되어 심장 박동에 영향을 미치는 증후이다.

① 증상

심장이 두근거리고 숨이 가쁘며 몸이 춥고 사지가 차다.

얼굴에 어두운 색이 정체되어 있다.

혀는 담백하며 두껍고 연하며 치흔(齒痕) 자국이 있다.

설태는 희며 맥은 완만하고 무력하다.

또한 가슴이 답답하고 흉통을 동반한다.

병이 중한 환자는 심양이 이탈되어 졸도, 식은땀, 많은 땀을 흘린다.

호흡이 미약하며 입술과 혀가 자색이 되고 정신이 혼미하며 혼절한다.

② 원인

심기허증, 만성병으로 인한 체력 약화, 선천적인 허약, 노년 장기쇠약, 외사(外邪)에 의한 손상 등이다.

③ 현대의학

관상동맥죽상경화증, 풍습성 심장병, 선천적 심장병, 바이러스성 심장병, 만성심부전 등의 심장병에 자주 나타난다.

④ 치료원칙

병이 가벼운 사람은 온보심양(溫補心陽)이다.

⑤ 약선 식품

인삼, 황기, 선복화, 삼칠, 홍화, 울금, 육계, 달래, 후추, 사슴고기, 양고기 등 온·열성 식물을 사용한다.

⑥ 약선

계지감초탕, 계심죽, 달래무침, 달래죽, 매운 사슴탕 등이 있다.

만약 심양이 허약하여 이탈하는 중증에는 독삼탕 또는 생맥음을 조금씩 자주 먹이고 병원치료를 받아야 한다.

(3) 심혈허증(心血虛證)

심장의 혈액이 부족하여 심장이나 전신을 유양하지 못하여 나타나는 증후이다.

① 증상

가슴이 두근거리고 무서우며 어지럽고 도한이 있다.

건망증이 심하고 불면증이 심하다. 얼굴에 혈색이 없다.

입술이나 혀의 색이 담백하며 맥은 가늘게 나타난다.

간혹 입과 목이 마르고 혀가 붉고 진액이 적은 증상이 나타날 수도 있다.

② 원인

근심걱정이 많아 정신이 과도하게 피로하거나 생혈 작용이 약하여 혈액을 만들지 못하거나 갑자기 많은 혈액이 손실되었을 때 나타난다.

③ 현대의학

자율신경실조증, 부정맥, 빈혈, 만성소모성 질병에 자주 나타난다.

④ 치료원칙

보혈양심(補血養心)이다.

⑤ 약선 식품

용안육, 연자, 시금치, 산조인, 야교등, 백자인, 합환화, 선지, 동물 심장, 복신, 맥문동, 오미자, 원지, 당귀, 천궁, 구황기, 구감초 등을 사용한다.

⑥ 약선

양심탕, 구감초탕, 귀비계탕, 생강대추용안정과, 보혈장조림, 산조인죽, 귀삼산약저심 등이 있다.

(4) 심음허증(心陰虛證)

심장을 자양하지 못해 허열이 심신을 피로하게 하는 증후이다.

스트레스를 많이 받거나 생각이 너무 많아 심음이 소모된 사람, 열병이나 오랜 병으로 음액이 상한 사람, 선천적인 원인, 후천적으로 음액을 만드는 기능이 약한 사람들에게 많이 나타난다.

① 증상

가슴이 두근거리고 무서우며 불면증이 있고 꿈이 많다.

오심번열(五心煩熱)과 조열도한(潮熱盜汗)이 있다.

얼굴 광대뼈 부근이 붉고 인후가 건조하다.

혀는 붉고 설태는 적으며 맥은 가늘고 빠르다.

② 현대의학

각종 심장병, 부정맥, 자율신경실조증, 각종 빈혈, 갑상선기능항진증 등의 질병이 진행 중이나 질병 회복기에 많이 나타난다.

③ 치료원칙

자음양심(滋陰養心)이다.

④ 약선 식품

숙지황, 현삼, 맥문동, 천문동, 단삼, 산조인, 오미자, 당귀 등을 사용한다.

⑤ 약선

천왕부심단, 맥문동연자무침, 백합은이갱, 옥죽저심탕, 현삼죽 등이 있다.

2) 실증

(1) 심화항성(心火亢盛)

심장의 화(火)가 안으로 쌓여 발생하는 증후로 실열증에 속한다.

① 증상

가슴이 번잡하고 답답하며 불면증이 있다.

얼굴이 붉고 갈증이 나거나 혹은 입안이나 혀에 창양이 나타난다.

소변이 노랗거나 붉고 적게 나온다.

혀는 붉고 설태는 황색이며 맥은 빠르고 힘이 있다.

② 치료원칙

청심사화(淸心瀉火) 방법이다.

③ 약선 식품

연자심, 치자, 고과, 죽순, 오이, 메밀, 수박 등을 선택하여 사용한다.

④ 약선

수박화채, 냉면, 연자심차, 오이냉채, 죽순무침, 수박백호탕, 노근자라탕, 국화현맥음 등이 있다.

(2) 담미심규(痰迷心竅)

일종의 정신질환으로 담(痰)이 심장의 신(神)을 교란하여 나타나는 증후이다.

① 증상

혼절하고 인사불성이 되거나 인후에서 가래 소리가 난다.

혹은 언어가 두서가 없고 광란, 망동하는 증상이 나타난다.

설태는 두껍고 지저분하며 하얀색 또는 노란색이다.

② 치료원칙

담을 제거하고 심규(心竅)를 열어주는 방법으로 일반적인 화담건비(化痰建脾) 작용이다.

③ 약선 식품

무, 생강, 율무, 백편두, 진피, 유자피, 겨자채, 대파 등을 사용한다.

④ 약선

무탕, 밀전유자, 창포술 등이 있다.

⑤ 한방

담이 심규를 막는 현상이 비교적 심한 경우 소합향환, 사향, 안식향, 단향, 목향, 향부, 정향, 침향, 유향, 비파, 백출, 주사, 수우각 등을 사용하고 약선은 보조 치료로 사용한다.

(3) 심혈어조(心血瘀阻)

어혈이 심장의 혈맥을 막아 나타나는 증후이다.

① 증상

가슴이 막히고 답답하며 바늘로 찌르는 것 같은 통증이 동반된다.

때때로 발작한다.

혀는 어둡고 자색을 띠며 어반(瘀斑)이 나타나기도 한다.

② 치료 원칙

어혈을 풀어주고 혈액순환을 활발하게 하는 것이다.

③ 약선 식품

홍화, 도인, 검은 목이버섯, 양파, 강황 등을 사용한다.

④ 약선

목이소두부, 홍도스파게티, 삼칠엽무침, 삼칠두부탕, 단삼주, 포도주 등이 있다.

심기허증

수삼연자밥 (水蔘蓮子飯)

심장의 기운이 약하여 두근거리고 무서움증이 자주 드는 사람에게 좋다. 또한 숨이 차거나 기력이 없고 혈액순환이 잘 안 되며 부정맥이 자주 나타나는 사람에게 효과가 있다.

재료

- **식재료** : 쌀 280g, 찹쌀 80g
- **약선재료** : 수삼 60g(4년근), 연자육 30g, 구기자 10g, 대추 10g

만드는 법

1_ 쌀과 찹쌀은 씻어 물에 불려 놓는다.
2_ 수삼은 깨끗이 씻어 잘게 썬다.
3_ 연자육은 물에 불려 가운데 싹을 제거하고 20분간 삶는다.
4_ 대추는 씨를 제거하여 가늘게 채 썬다.
5_ 구기자는 깨끗이 씻어 놓는다.
6_ 불린 쌀에 1~5의 재료를 넣고 밥을 짓는다.

배합분석

인삼은 대보원기(大補元氣), 안신익지(安身益智), 생진작용(生津作用)이 있다. 폐(肺), 비(脾), 심(心)으로 들어가 기운을 보하는 작용이 강하다. 따라서 기운이 부족한 모든 증상에 효능이 있다.
연자는 심장, 비장, 신장으로 들어가며 정신을 안정시키고 심장을 튼튼하게 하는 효능이 있어 불면증이나 심장이 허약한 증상에 효능이 있다.
대추와 **구기자**는 적색으로 심혈관에 유익하며 보기작용(補氣作用)이 있다.

Tip

구기자는 오래 불리면 물러지므로 주의하여야 한다.

심양허증

당귀생강양고기탕(當歸生薑羊肉湯)

한기를 없애고 몸을 따뜻하게 하는 효능이 있으며 심양 부족으로 손발이 차면서 가슴이 막힌 느낌이나 두근거리는 증상이 자주 나타나는 사람들에게 적합한 약선이다. 또한 한기로 인한 모든 증상 즉 산후 복통, 완복 냉통, 하복부 냉통을 개선시키는 효과가 있으며 허약한 체력을 보강하고 심장을 튼튼하게 하며 혈액을 잘 통하게 한다.

재료

- **식재료** : 양고기 600g, 당근 200g, 옥수수 200g
- **부재료** : 대파 100g, 마늘 50g, 후춧가루 · 화초가루 · 소금 각 적당량
- **약선재료** : 당귀 10g, 계지 10g, 인삼 60g, 생강 10g

만드는 법

1_ 양고기는 깨끗이 씻어 깍두기 모양으로 토막을 낸다.
2_ 당근과 옥수수는 양고기처럼 토막으로 자른다.
3_ 사기 솥에 물, 양고기, 인삼, 계지, 대파, 생강, 마늘, 당귀를 넣고 1시간 정도 끓인다.
4_ 3에 당근과 옥수수를 넣고 30분 정도 더 끓인다.
5_ 4에 후추, 화초, 소금을 넣고 간을 맞추어 먹는다.

배합분석

양고기는 보중익기작용이 있으며 열을 내는 작용이 강하여 인체의 양기운을 보하는 대표적인 식품으로 인체의 양기가 부족할 때 자주 사용한다.
계지는 한기를 없애고 경락을 따뜻하게 하며 양기를 잘 통하게 하는 성질이 있다.
인삼은 대보원기 작용, 따뜻한 성질로 몸을 따뜻하게 하고 기운을 보하는 성질이 강하다.
당귀는 맛이 맵고 달며 약간 쓰고 간, 심, 비경으로 들어간다. 보혈, 활혈작용이 있으며 여성들의 생리를 조절하고 통증을 완화시키며 장을 윤택하게 하는 효능이 있다.
생강은 중초를 따뜻하게 하고 기혈순환을 활발하게 하며 소화를 돕고 구토를 예방하는 효능이 있다.
이렇게 배합되어 몸을 따뜻하게 하여 경맥을 잘 통하게 하고 한사가 뭉치는 것을 없애며 따뜻한 기운이 온몸에 퍼지게 한다.
대파, 화초, 후추는 심장의 양기운이 잘 통하게 하는 데 도움이 된다.
당근, 옥수수는 맛을 좋게 하면서 영양의 조화를 이룬다.

심혈어증

용안보혈오징어순대(桂圓補血魷魚蒸)

양혈(養血), 자음(滋陰) 작용이 강하고 간장과 신장을 보하는 작용이 있으며 심혈이나 간혈(肝血) 부족으로 인한 모든 증상에 적합하다. 특히 빈혈이나 노인성 기혈부족, 갱년기종합증, 산후 체력 저하, 영양 불량인 사람에게 적합하다. 심장과 비장이 모두 허약하여 나타나는 신경쇠약, 불면증, 건망증, 기억력 감퇴에 효과가 있으며 심장신경관능증, 심황, 심계(心悸), 어지럼증에 좋은 약선이다.

재료

- 식재료 : 오징어 2마리, 찹쌀 100g
- 부재료 : 양파 50g, 당근 30g, 부추 10g, 홍피망 10g, 녹말가루 10g, 청양고추 5g, 흑임자 3g, 포도씨오일 3큰술, 참기름 1큰술, 국간장 1큰술, 청주 1큰술, 소금 1큰술, 후춧가루 약간
- 약선재료 : 용안육 30g, 연자육 10g, 대추 10g, 건표고버섯 5g

만드는 법

1_ 찹쌀과 연자는 따로따로 1시간 정도 불려 놓는다.
2_ 오징어는 몸체와 다리를 분리한 후 내장을 제거하고 껍질을 벗겨 준비한다.
3_ 표고버섯은 물에 불리고 대추는 씨를 제거해서 잘게 썰어 준비한다.
4_ 대추, 용안육 등 모든 채소는 곱게 다져 놓고 색깔 순서대로 볶다가 소금으로 밑간을 한다.
5_ 찜 솥에 김이 오르면 불린 찹쌀, 다진 연자육을 넣고 15분간 찐다.
6_ 큰 볼에 쪄낸 찰밥과 용안육, 잘게 썬 대추, 볶은 채소를 모두 넣고 국간장, 참기름, 흑임자로 간을 한다.
7_ 오징어 안쪽에 녹말가루를 묻히고 속을 70~80%만 채워 꼬치로 고정시킨다.
8_ 김이 오른 찜 솥에 젖은 면보를 깔고 오징어 순대를 넣고 센 불에서 10분간 쪄준다.

배합분석

오징어는 보혈, 보음작용이 강하다.
용안육은 심장과 비장으로 들어가며 심혈을 보하는 작용이 강해 정신을 안정시키는 효능이 있으므로 오징어와 배합하면 상호 효능이 강해진다.

심음허증

천문동돼지갈비찜 (天門冬炖猪排)

심음허(心陰虛)로 심장을 자양하지 못해 허열이 올라와 광대뼈 부근이 붉게 되며 목이 건조한 사람에게 적합하다. 손발 중심부에 땀이 많고 은근하게 열이 나며 목이 건조한 사람에게 도움이 된다. 또한 심신이 피로하고 스트레스를 많이 받거나 생각을 너무 많이 하여 가슴이 답답하고 불면증과 건망증이 심한 사람들에게도 효과적인 약선이다.

재료

- **식재료** : 돼지갈비 600g
- **부재료** : 당근 70g, 대추 15g, 밤 15g, 파 10g, 건표고버섯 5g, 통마늘 5g, 청주 1큰술, 물 5컵
- **양념장** : 간장 3큰술, 설탕 1큰술, 꿀 1큰술, 청주 1큰술, 참기름 1작은술, 다진 파 2작은술, 다진 마늘 2작은술, 깨소금 1작은술
- **약선재료** : 천문동 20g, 용안육 15g, 산사 10g, 연자 10g, 은행 5g

만드는 법

1_ 돼지갈비는 기름기를 제거하고 적당한 크기로 잘라 1시간 정도 찬물에 담가 물을 갈아주며 핏물을 뺀다.
2_ 천문동은 물 5컵에 30분 정도 중불로 끓인다. 연자육은 물에 불려 가운데 싹을 제거한다.
3_ 끓는 물에 파, 마늘, 청주 등의 향신 채소를 넣고 잔 칼집을 넣은 돼지갈비를 데쳐내어 찬물을 끼얹어 불순물을 없애준다.
4_ 준비된 재료로 양념장을 만들어 데쳐낸 돼지갈비를 재워둔다.
5_ 표고는 반으로 자르고 당근은 밤톨 크기로 잘라서 모서리를 다듬는다.
6_ 은행은 볶아서 껍질을 벗기고 밤도 껍질을 벗긴다. 대추는 젖은 면보로 닦는다.
7_ 냄비에 천문동 끓인 물, 남은 약재, 양념장에 재워 놓은 돼지갈비를 넣고 센 불에서 끓으면 30분 정도 중불에서 끓인다.
8_ 어느 정도 익으면 남은 야채, 은행, 밤, 대추를 넣고 국물이 자작할 때까지 좀 더 끓인다.

배합분석

보심혈양심음(補心血養心陰)을 기본으로 한다.
돼지고기는 맛은 달고 짜며 성질은 평하여 음(陰)을 보하는 육고기로 주재료로 사용하였다.
천문동은 자음윤조(滋陰潤燥) 효능이 있다. 음이 부족하여 어지러운 증상에 효과적이다.
용안육은 심장과 비장을 보하고 보혈(補血) 작용과 정신을 안정시키는 효능이 있다.
연자는 정신을 안정시키고 혈액을 보하는 효능이 있다.
산사는 활혈(活血) 작용, 행기(行氣) 작용, 소화, 적체를 풀어주며 육질을 부드럽게 해준다.
대추는 중초를 보하고 기운을 만들며, 보혈 작용과 정신을 안정시키는 효능이 있다.
은행은 자음(滋陰) 작용, 심장을 튼튼하게 한다. 심장의 음이 부족하여 발생되는 증상, 심장 외에 전신의 음이 부족하여 발생되는 모든 증후에도 도움이 된다.

심화항성

산사수박화채 (山楂西瓜花菜)

심장의 열을 내리고 더위를 잘 견디게 하며 기운이 나게 도와주고 소화를 돕는다. 진액을 만들어주는 효능, 염증을 가라앉게 하는 효능이 있으며 갈증을 해소한다.
지친 몸에 활력을 넣어주는 여름철에 좋은 화채다.

| 재료 |

- **식재료** : 수박 1kg, 사과 200g, 레몬 120g
- **화채국물** : 꿀 3큰술, 설탕 3큰술, 생수 4컵, 얼음 1컵
- **약선재료** : 건산사 10g

| 만드는 법 |

1_ 수박은 스쿠퍼를 이용해서 동그랗게 속을 파낸다.
2_ 사과와 레몬은 껍질을 벗기고 사방 1.5cm 크기로 자른다.
(레몬은 즙만 사용해도 된다)
3_ 산사는 사방 0.5cm 크기로 잘게 자른다.
4_ 꿀, 설탕, 물, 수박, 사과, 레몬, 산사를 모두 혼합해서 수박껍질 안에 넣고 냉장고에 보관한다.
(먹기 전에 얼음을 첨가한다)

| 배합분석 |

수박은 성질이 차서 열을 내려주고 갈증을 해소하며 혈압을 내려주는 효능이 있다.
사과산은 암세포 억제 효능이 있고 기분을 좋게 하는 효능이 있다.
레몬은 혈청 내 콜레스테롤을 저하시키는 작용이 있어 고지혈증, 비만 등에 좋다.
산사는 식체를 해소하고 어혈을 풀어주며 콜레스테롤을 저하시키고 고지혈증, 고혈압, 동맥경화, 비만 등의 예방에 효능이 있다.

| Tip |

오미자 청이나 효소를 1/4컵 정도 넣어도 좋다.

심혈어조

토마토홍화김치 (西紅柿紅花泡菜)

어혈을 풀어주고 혈액순환을 활발하게 하는 효능이 있어 출산 후 산모들의 반찬으로 활용할 수 있다. 어혈로 인해 평소 바늘로 찌르는 듯한 통증이 가끔씩 나타나거나 입술색이 자색이 되고 혀에 반점이 나타날 때, 생리불순, 고혈압, 고지혈증, 동맥경화, 당뇨 등에 도움이 되는 약선이다.

| 재료 |

- **식재료** : 미숙토마토 700g, 무 150g, 양파 50g, 당근 30g
- **양념장** : 홍고추 간 것 1/3컵, 고춧가루 2큰술, 꽃소금 1/2큰술, 매실청 2큰술, 다진 마늘 1큰술, 다진 생강 1작은술, 새우젓 2작은술, 다진 쪽파 3큰술
- **약선재료** : 홍화 3g

| 만드는 법 |

1_ 토마토에 칼집을 넣어 끓는 물에 30초간 데친다.
2_ 냉수에 헹군 후 껍질을 벗겨 6등분하고 가운데 칼집을 넣는다.
3_ 무, 양파, 당근을 4cm 길이로 가늘게 채 썬다.
4_ 3의 재료, 양념장, 홍화를 혼합한다.
5_ 칼집 넣은 토마토 사이사이에 4의 속 양념을 넣는다.

| 배합분석 |

토마토는 항암 효과가 탁월하고 수분을 조절하고 신진대사를 촉진하는 효능이 있다. 모세혈관을 강화시키고 고혈압, 고지혈증, 동맥경화 예방에 좋다.
홍화는 어혈을 풀어주는 효과가 있으며 혈액순환을 돕는다.
양파, 생강, 고추 등도 혈액순환에 도움이 되고 혈전을 용해시키는 효과가 있다.

| Tip |

토마토를 고를 때 단단한 파란 토마토를 골라야 무르지 않으며 데친 후에는 재빨리 냉수에 헹궈야 껍질이 잘 벗겨진다.

제2절 폐

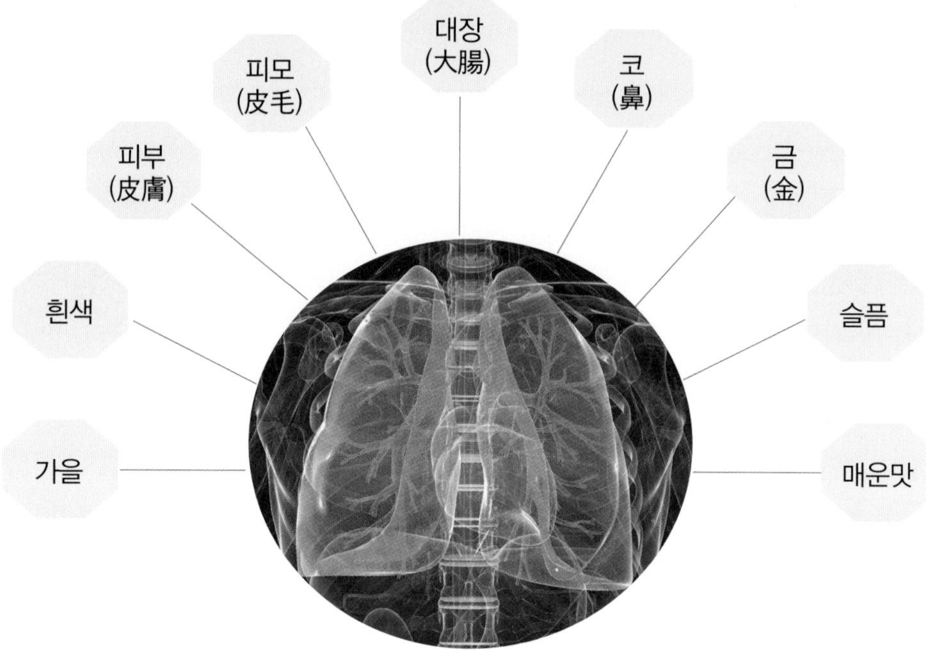

| 주요 생리기능 |

- 폐주기(肺主氣) : 폐는 기를 주관하고 호흡을 통해 청기를 마시고 탁기를 배출하며 기체 교환을 통하여 몸에 산소를 공급한다.
- 주행수(主行水) : 선발, 숙강 작용에 의하여 수분을 전신으로 공급한다.
- 조백맥(朝百脈), 조치절(助治節) : 전신의 혈액이 폐로 모이며 혈액순환을 조절하는 기능이 있다.

| 주요 임상표현 |

폐에 병변이 있으면 호흡기 계통 이상이 오며 감기에 자주 걸리고 기운이 없고 수액대사수포 장애로 인해 피부가 건조하며 가래가 나거나 각혈증상이 나타난다.

- 임상표현: 해수(咳嗽), 천식, 각담, 각혈, 흉통, 인후통, 목소리 이상, 코막힘, 코흘림, 수종 등이다.

1. 폐의 변증시선

1) 허증

(1) 폐기허증(肺氣虛證)

폐기능이 약화되어 폐의 주기(主氣), 위외(衛外) 기능 실조로 나타나는 증후이다.

① 증상

기침이 나오고 숨이 짧으며 음성이 낮고 자한(自汗)이 있다.

감기에 쉽게 걸리며 얼굴색이 희다.

혀는 담백하고 설태는 희고 윤택하며 맥은 무력하다.

② 치료 원칙

보익폐기(補益肺氣)이다.

③ 약선 식품

표고버섯, 송이버섯, 대추, 황기, 더덕 등을 사용한다.

④ 약선

황기닭, 황기대추죽, 대추토끼찜 등이 있다.

(2) 폐음허증(肺陰虛證)

심한 사람은 폐, 신(肺,腎) 음허증이 겸해서 온다.

그 증상은 오후에 조열이 나고 오심, 번열, 도한, 양쪽 볼이 붉어지거나, 가래에 피가 섞여 나오고 각혈을 하기도 한다.

임상에서 활동성 폐결핵은 폐, 신음허증에 속한다.

① 증상

마른 기침을 하고 담이 끈적거리며 양이 적고 잘 나오지 않는다.

입이 마르고 인후가 건조하며 목소리가 잘 나오지 않는다.

혀가 붉고 진액이 적으며 맥은 가늘고 빠르다.

② 치료 원칙

자음윤폐(滋陰潤肺)이다.

③ 약선 식품

백합, 행인, 배, 감, 유자, 귤, 사과, 패모, 맥문동, 더덕, 도라지, 은이버섯, 목이버섯, 연자, 연근, 굴, 거북이, 해삼, 전복, 오골계, 오리 등을 사용한다. 자음윤폐화담 작용이 있다.

④ 약선

백합죽, 패모배숙, 은이갱, 칠미압 등이 있다.

폐, 신 음허증에 좋은 약선으로는 충초오리, 자라탕, 연근배증병, 은행배고 등이 있다.

(3) 대장 진액 고갈

대장에 진액이 부족해서 윤택하지 못하여 변비가 나타나는 증후이다.

주로 음허체질, 노년음혈 부족, 열병으로 인한 음액고갈, 이뇨작용 과다, 다한과 설사로 음액이 유실된 경우이다.

산후 또는 과다 출혈로 인해 음혈이 고갈되어 나타난다.

① 증상

대변이 건조하여 변비가 있고 입이나 인후가 건조하다.

어지럽고 입 냄새가 많이 나며 배가 더부룩한 증상이 나타난다.

혀는 붉고 진액이 없으며 설태가 건조하고 맥은 가늘고 거칠다.

② 현대의학

위장기능실조, 습관성 변비, 만성비특이성궤양성결장염, 열병진행 중에 발생한다.

③ 치료원칙

윤장통변(潤藏通便)이다.

④ 약선 식품

대황, 후박, 지각, 참깨, 검정깨, 결명자, 행인, 작약을 사용한다.

⑤ 약선

마자인환, 들깨죽, 행인죽, 결명자차 등이 있다.

2) 실증

(1) 풍한범폐(風寒犯肺)

풍한(風寒)이 폐를 침범하여 발생하는 증후이다.

① 증상

오한이 들고 열이 나며 코가 막히고 콧물이 흐르며 기침이 난다.

가래는 묽고 희며 몸살이 동반되기도 하고 설태는 얇고 희며 습윤하다.

한방에서는 풍한표증이라고도 하는 풍한 감기를 말한다.

② 치료 원칙

폐를 잘 소통되게 하며 한사를 없애는 것이다.

③ 약선 식품

생강, 대파 흰 뿌리, 자소엽, 고수 등을 사용한다.

④ 약선

생강탕, 생강소엽차, 대파두시차, 오신차, 신선죽 등이 있다.

(2) 풍열범폐(風熱犯肺)

풍열(風熱)이 폐를 침범하여 나타나는 증후이다.

① 증상

열이 나고 오한은 약간 있으며 심한 기침과 노랗고 진한 가래가 나온다.
인후가 붓고 아프며 목이 마르고 찬물을 많이 마신다.
심하면 풍열이 폐에 많이 쌓여 폐열융성증(肺熱隆盛證)이 된다.
한방에서는 풍열표증이라고도 하는데 풍열감기를 말한다.

② 치료 원칙

청열소풍선폐(淸熱疏風宣肺)이다.

③ 약선 식품

박하, 국화, 인동엽, 배추, 얼갈이배추, 상엽, 죽엽, 담두시, 수박, 수세미, 금은화, 연교 등을 사용한다.

④ 청열소풍 약선

쌍화음, 상엽박하음, 국화현맥음 등이 있다.

⑤ 폐열융성 약선

수박백호탕, 어성초비파음, 수세미근즙, 바나나근즙 등이 있다.

(3) 담탁조폐(痰濁阻肺)

담이 폐를 막아 나타나는 증후이다.

① 증상

기침을 하며 담이 많이 나오고 색은 희고 묽다.

가슴이 답답하고 숨을 쉬면 가래 소리가 나온다.

혀는 담백하고 설태는 지저분하다.

② 치료 원칙

조습화담(燥濕化痰)이다.

③ 약선 식품

겨자채, 진피, 유자피, 생강, 대파 뿌리, 무 등을 사용한다.

④ 화담약선

생강진피탕, 무미역국, 팔선차 등이 있다.

⑤ 열을 동반한 증상

해파리냉채, 우담흑두, 죽력죽, 과루청 등이 있다.

폐기허증

황기포계탕(黃芪鮑鷄湯)

오장(五臟)을 보하는 약선으로 체력이 허약하거나 피로, 영양 불량인 사람에게 적합하다. 기혈을 보충하고 비위(脾胃)를 강하게 하며 근골(筋骨)을 튼튼하게 하는 효능이 있다. 그리고 간(肝)과 신장(腎臟)을 보하는 작용이 있으며 폐기(肺氣)를 보하여 면역력을 증강시키고 심혈(心血)과 간혈(肝血)을 보충하는 작용이 있어 얼굴이 누렇고 기혈이 부족한 사람이나 기운이 없는 사람에게 좋고 허증(虛證)으로 오는 부종(浮腫)이나 생리불순, 냉대하 등에 효과가 있으며 체력이 허약한 산모(産母)나 병을 앓고 난 후 회복에 적합한 약선이다.

재료

- **식재료** : 토종닭 1마리(1.5~2kg), 전복 400g, 물 40컵
- **부재료** : 찹쌀 180g, 팽이버섯 100g, 청경채 80g, 마른 표고버섯 15g, 소금 1큰술, 후춧가루 약간
- **약선재료** : 황기 30g, 건사삼 20g, 밤 30g, 대추 20g, 생강 20g, 연자육 10g, 구기자 10g, 육계 5g, 감초 5g

만드는 법

1_ 닭을 깨끗이 손질하여 뱃속에 찹쌀, 연자육, 구기자를 넣고 다리를 꼬아 고정시킨다.
2_ 전복은 솔로 이끼를 제거하여 준비하고 연자육, 표고버섯은 찬물에 불려 놓는다.
3_ 약선재료는 천주머니에 담아 물 40컵을 붓고 20분간 끓여 약물을 만든다.
4_ 청경채와 팽이버섯도 씻어서 준비한다.
5_ 솥에 약물과 닭을 넣고 센 불에서 20분 정도 끓이다가 전복, 불린 표고버섯, 연자육, 밤을 넣고 약불에서 40분간 푹 삶아준다.
6_ 청경채와 팽이버섯을 넣고 한 번 끓인 뒤 소금과 후추로 간을 한다.

배합분석

닭은 비위를 따뜻하게 하고 기운을 보하는 작용이 있어 황기와 같이하면 기운을 보하는 보익(補益)작용을 한다.

연자, 대추는 건비(建脾), 안신(安神), 보신(補腎) 작용이 있어 정신을 안정시킨다.

밤은 조혈(造血) 능력을 강하게 하며 철 결핍성 빈혈을 예방한다.

청경채는 피부를 아름답게 한다.

팽이버섯은 신진대사(新陳代謝)를 활발하게 한다.

폐기허증

홍삼진피죽(紅蔘陳皮粥)

폐의 기운과 비장의 기운을 보하는 효능이 강한 약선이다. 기허로 인해 감기에 자주 걸리는 사람들에게 효과 있는 약선이다. 특히 숨이 차고 식은땀이 많이 나며 무기력한 증상에 효과가 있으며 면역력을 증강시키는 효과가 크다.

| 재료 |

- **식재료** : 불린 쌀 1컵
- **부재료** : 잣가루 30g, 인삼채 10g, 약물 5~6컵, 소금 5g
- **약선재료** : 홍삼가루 15g, 사군자탕(인삼, 백출, 복령, 감초 각 5g), 진피 2g

| 만드는 법 |

1_ 인삼, 백출, 복령, 감초를 2L의 물을 붓고 1.4L가 될 때까지 끓인 후 진피를 넣어 10분 더 끓인다.
2_ 잣은 잣눈을 떼고 깨끗이 씻어 약물 3컵을 넣고 곱게 간다.
3_ 약물 2컵에 불린 쌀을 간다.
4_ 약물을 2컵 넣고 죽을 쑨다.
5_ 죽이 다 되어갈 때 2를 붓고 어우러지면 홍삼가루를 넣고 고루 저어 소금 간을 한다.
6_ 그릇에 죽을 담고 잣가루, 인삼채를 얹는다.

| 배합분석 |

잣은 동통을 안정시키고, 기를 강화하며 체력과 정신쇠약을 강화시킨다.
가래, 마른기침에 좋고, 신진대사를 활발하게 한다.
사군자탕은 원기를 돋우고 비, 위장 및 소화기의 기능을 튼튼하게 해준다.
진피는 사기를 밖으로 내보내는 효능이 있어 기를 돋우고 땀을 낸다.
피부 표면에 있는 사기를 밖으로 내보낸다.

| Tip |

죽을 끓인 후 약한 불에서 10분 이상 뜸을 잘 들여야 맛이 좋다.

폐음허증

하엽맥문동편육 (荷葉麥門冬片肉)

폐(肺)를 윤택하게 하며 신장의 음(陰)을 보하고 위액을 충족시키며 간장의 음혈(陰血)을 보하는 자음(滋陰) 작용이 강하다. 건조한 것을 윤택하게 하고 기혈을 보하며 피부를 윤택하게 하는 작용이 있다. 따라서 마른기침을 하거나 몸이 마르고 피부가 건조한 사람에게 적합한 약선이다.

재료

- 식재료 : 돼지고기 600g
- 부재료 : 대파 50g, 생강 50g, 마늘 50g, 월계수잎 5g, 후추 2g, 된장 1큰술, 청주 1작은술
- 약선재료 : 하엽 20g, 맥문동 10g, 산사 10g, 당귀 5g, 계피 5g, 정향 2g

만드는 법

1_ 돼지고기를 적당한 크기로 잘라 토치램프로 한 번 그을려 씻어낸다.
2_ 솥에 물을 넣고 된장을 약간 푼 다음 약선재료, 대파, 생강, 마늘, 청주를 넣고 끓인다.
3_ 물이 끓으면 고기를 넣고 센 불에서 끓이다가 중불에서 서서히 끓인다.
4_ 40분 정도 삶은 후 젓가락으로 찔러보아 핏물이 나오지 않으면 꺼내 편으로 썰어 놓는다.

배합분석

돼지고기는 자음(滋陰) 작용이 강해서 비, 위, 신장경으로 들어가며, 몸을 윤택하게 한다.
하엽은 돼지고기의 기름기를 흡수하여 맛이 담백하고 혈지방을 낮추는 효과가 있다.
맥문동은 폐경으로 들어가 폐를 윤택하게 하여 마른기침, 가슴 답답한 번열을 없애준다. 돼지고기와 배합하면 폐음(肺陰)을 보하는 작용이 더욱 강해진다.
당귀는 보혈작용과 함께 어혈을 풀어 멍을 빨리 없애는 효과가 있다.
산사는 소화, 육고기 식체, 어혈, 행기 작용, 활혈(活血) 작용, 혈압, 혈지방을 낮춘다. 돼지고기와 배합하면 느끼한 맛을 없애주고 소화가 잘 되도록 도와주며 혈액에 쌓이 기 쉬운 혈지방을 제거하는 효능을 얻을 수 있다.
정향, 후추, 팔각향은 향신료로 중초에 쌓여 있는 습을 제거함으로써 몸 속 기의 흐름을 원활하게 하여 소화 흡수가 잘 되도록 하는 효능이 있다.

대장진액고갈증

맥문동적근채죽 (麥門冬赤根菜粥)

양혈 작용과 지혈 작용이 있으며, 건조한 것을 윤택하게 한다.
위와 장을 잘 통하게 하여 변비, 치질에도 효과가 있다.
특히 위에 열이 있는 사람에게 좋다.

재료

- 식재료 : 찹쌀 200g, 적근채(시금치) 160g, 콩나물 120g, 물 1,500ml
- 부재료 : 된장 40g, 다시마 20g, 파 12g, 마늘 5g, 국간장 1큰술
- 약선재료 : 맥문동 20g, 흑지마 10g

만드는 법

1_ 다시마는 깨끗이 씻어 1,500ml의 물에 담갔다 5분간 끓인다.
2_ 찹쌀은 씻어서 불려 놓는다.
3_ 맥문동, 흑지마는 깨끗이 씻어 갈아 놓는다.
4_ 시금치는 손질하여 씻고 끓는 물에 데쳐서 2cm 정도로 썰어 놓는다.
5_ 콩나물은 머리와 뿌리를 제거하고 씻어서 2cm 크기로 잘라 놓는다.
6_ 1의 물에 불린 쌀을 넣은 후, 쌀이 익어 퍼지면 3, 4, 5를 넣고 된장을 풀어 넣은 후 끓인다.
7_ 죽이 어느 정도 끓으면 파, 마늘을 다져 넣고 간장으로 간을 맞춘다.

배합분석

시금치는 성질이 서늘하고 비타민이 골고루 들어 있다.
사포닌과 양질의 섬유질이 있어서 위장 장애, 변비에도 효과가 있다.
콩나물은 위에 열이 쌓여 있는 사람이나 변비나 치질에 효과적이다.
시금치와 콩나물을 함께 섭취할 때 영양소의 보강은 물론 궤양의 치료에도 효과적이다.
맥문동, 흑지마는 모두 폐와 대장을 윤택하게 하며 변비를 해소하는 효능이 있다.

Tip

맥문동은 평소 비위가 차고 허약하며 변이 묽게 나오면 많이 먹지 않도록 한다.

풍한범폐

초강이숙(椒薑梨熟)

한사가 폐를 침범하여 나타나는 기침에 효과가 있는 약선이다. 또한 중초에 한사가 쌓여 배가 차고 통증이 있으며 점액질의 하얀 가래가 나오고 찬 음식을 싫어하는 사람들에게 적합한 약선으로 몸 안의 찬 기운을 없애고 따뜻하게 하는 효능이 있다.

| 재료 |

- **식재료** : 배 1개(500g)
- **부재료** : 생강 100g, 꿀 2큰술
- **약선재료** : 산초 20알

| 만드는 법 |

1_ 배를 깨끗이 씻어 윗부분을 자른 후 속을 파낸다.
2_ 배 껍질에 산초 한 알씩 20알을 박아 넣는다.
3_ 속을 파낸 곳에 꿀 2큰술을 넣고 자른 윗부분을 뚜껑 삼아 덮는다.
4_ 생강은 손질하여 편 썰기하고 적당량의 물을 넣고 생강 물을 끓인다.
5_ 잠기지 않을 만큼의 생강 물에 볼 안에 배를 놓고 증숙한다.
6_ 30분 후 배를 꺼내 식힌 후 산초를 빼고 먹는다.

| 배합분석 |

생강은 중초를 따뜻하게 하며 발한한다.
배는 건조한 것을 촉촉하게 하고 열을 내리며 가래를 삭히는 기능이 있다.
산초는 중초를 따뜻하게 하고 한(寒)을 풀어주며 습을 제거한다.
기침은 폐로 인해서만 나는 것이 아니라 오장육부가 다 기침을 나게 하는 것이다.

| Tip |

"梨一顆 刺作五十孔 每孔內 以椒一粒 以麵裹 於熱火炭令熱 出停冷 去淑食之."
梨(배) 1개에 50개의 구멍을 내고 구멍마다 산초 1개씩 넣고 밀가루로 싼다.
뜨거운 재에 구워 익으면 꺼내어 식기를 기다렸다가 산초를 제거하고 먹는다.

– 《식료찬요》 4장

풍열범폐

어성초오미자편(魚腥草五味子片)

풍열범폐(風熱犯肺)로 인하여 폐의 숙강(肅降) 작용을 잃어 기침이 심하고 숨이 거칠며 기침소리가 쉬고 인후가 건조하고 아픈 경우 효과적인 약선이다. 폐열을 내리고 해독작용이 있으며 염증을 가라앉게 하고 배농(排膿) 작용이 있다. 만성기관지 확장증 환자의 기침, 천식에 효과가 있으며 공기가 탁한 환경에 종사하는 사람들의 기침, 가래 증상에 효과적이다.

| 재료 |

- 식재료 : 호두 20g, 설탕 100g, 녹두녹말물 1컵, 소금 1/4작은술, 물 5컵
- 약선재료 : 오미자 50g, 어성초 10g

| 만드는 법 |

1_ 오미자는 깨끗이 씻어 물 3컵을 붓고 하룻밤 동안 우려낸다. 젖은 면보에 걸러 오미자물만 받는다.
2_ 어성초는 물 2컵에 넣고 10분 정도 끓여 건져내고 약물을 만든다.
3_ 녹두녹말 1/2컵을 물에 풀어서 고운체에 걸러 놓는다.
4_ 호두는 끓는 물에 데친 후 껍질을 벗기고 잘게 자른다.
5_ 오미자물 2컵과 어성초물 1컵을 섞어서 팬에 넣고 설탕, 소금을 넣고 끓이다가 설탕이 녹으면 녹두녹말물을 조금씩 부어가며 눌어붙지 않도록 저어준다.
6_ 펄떡펄떡 끓으면 불을 약하게 줄이고 20분 정도 끓인다. 쫀득할 때까지 뜸을 들인다.
7_ 호두를 섞고 모양 틀이나 납작한 틀에 물을 묻힌 다음 부어 굳히고 4cm×2.5cm×1.5cm로 자른다.

| 배합분석 |

어성초와 오미자를 이용한 청열소풍선폐(淸熱疏風宣肺) 약선이다.
어성초는 맛이 맵고 약간 쓰며 성질은 차고 폐경으로 들어간다. 청열해독(淸熱解毒), 소종배농(消腫排膿), 이수통임(利水通淋) 작용, 폐에 열, 습열이 쌓인 증상을 개선한다.
오미자는 맛은 시고 성질은 약간 따뜻하며 폐 기운을 수렴하는 작용이 있다.
식은땀이 나는 것을 막아주고 진액을 만들어준다.
호두는 맛이 달고 시며 성질은 따뜻하고 폐를 윤택하게 한다.
음허(陰虛)로 인한 도한(盜汗)을 예방한다.

| Tip |

녹두전분 대신 감자전분과 옥수수전분을 섞어서 사용해도 투명도나 탄력도는 비슷하다. 녹말물을 넣을 때는 낮은 불에서 덩어리지지 않게 천천히 저어가면서 조금씩 넣는다.

담탁조폐

패모배숙 (貝母梨熟)

가래가 말라 잘 나오지 않으면서 마른기침을 하거나 천식증이 있으며 목이 붓고 열이 나면서 통증이 있는 사람에게 효과가 있다. 어린이나 노인들의 체력이 약하여 오랫동안 병이 낫지 않고 반복적으로 나타나는 증상에 효과가 좋다.

재료

- **식재료** : 배 1개, 우유 100ml, 얼음설탕 20g
- **약선재료** : 패모 6g, 은이버섯 6g

만드는 법

1_ 배는 씻어 속을 파내고 그릇으로 쓸 수 있도록 1cm 두께로 준비한다.
2_ 패모와 은이버섯은 잘 씻어서 물에 불린다.
3_ 배 속에 파낸 배와 패모, 은이버섯, 얼음설탕, 우유를 채워 넣고 겉은 랩으로 싼다.
4_ 찜통에 넣고 한 시간 정도 쪄낸다.

배합분석

배는 열을 내리며 갈증을 풀고 가래를 삭히고 기침을 멈추게 해서 주재료로 사용하였다.
패모는 청열화담(淸熱化痰), 윤폐지해(潤肺止咳), 산결소종(散結消腫) 작용, 폐에 열이 있어 담을 말려서 잘 나오지 않으면서 마른기침을 할 때 사용한다.
은이버섯은 배의 효능을 도와주는 신약의 역할을 하고 폐를 윤택하게 하며 기침을 멈추게 하는 이모산(二母散)에서 지모를 빼고 은이버섯을 넣으면 효능은 같으면서 맛이 좋아 어린이들도 먹기 편하게 하였다.

제3절 비장

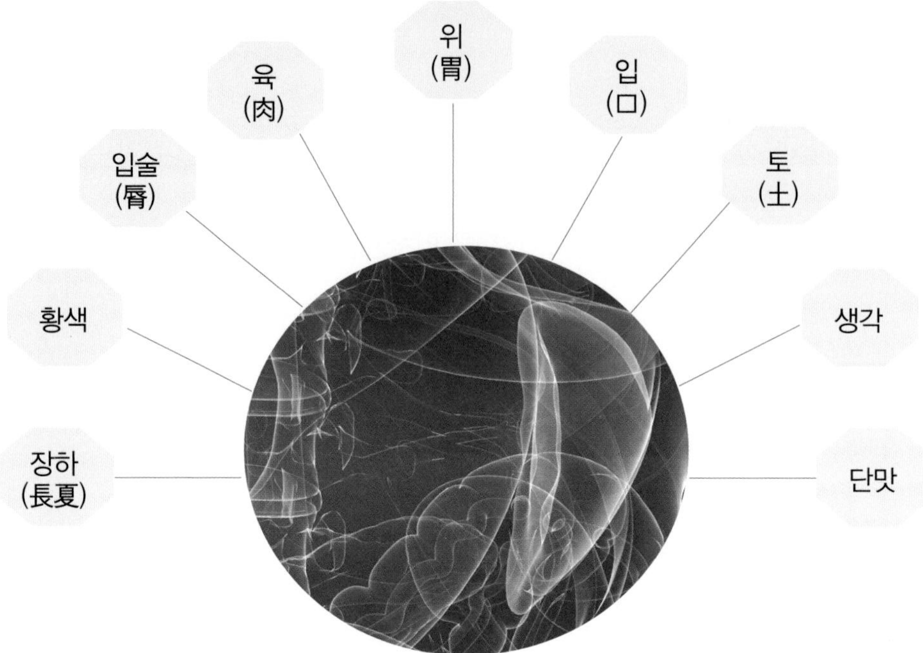

주요 생리기능

- 주운화(主運化) : 운화기능은 비장이 섭취한 음식물을 소화시켜 영양물질로 변화시키고 영양물질을 전신으로 보내는 생리작용을 말한다. 그러므로 비장을 기혈생화지원으로 후천지본이라고 한다.
- 주승청(主昇淸) : 영양물질을 흡수하여 심, 폐, 머리로 보내 기혈로 화생하여 전신으로 보내는 생리특징을 말한다.
- 주통혈(主統血) : 혈액을 통섭하여 경맥 내에서만 운행되도록 하는 기능을 말한다.

주요 임상표현

비장에 병변이 생기면 운화, 승청 작용이 실직되고 수곡과 수습을 운화하지 못하며 소화기능이 감퇴하고 수습이 쌓이며 통혈 작용을 하지 못한다.

- 임상표현: 배가 더부룩하고 소화가 되지 않으며 통증이 있고 식욕이 없으며 변이 묽게 나온다. 부종이 나타나고 몸이 무거우며 내장하수나 출혈 등이 나타난다.

1. 비장의 변증시선

1) 허증

(1) 비기허증(脾氣虛證)

① 증상

식욕이 없고 음식을 적게 먹으며 식후에 배가 더부룩하고 기운이 없고 목소리가 약하다.

사지가 무력하고 권태감이 있고 대변이 묽게 나온다.

② 치료 원칙

건비익기(建脾益氣)이다.

③ 약선 식품

율무, 산약, 편두, 붕어 등을 사용한다.

④ 약선

이익비병(利益脾餠), 팔진고(八珍糕), 팔선백운고(八仙白雲糕), 장수분(長壽粉), 복령떡 등이 있다.

(2) 비양허증(脾陽虛證)

① 증상

식욕이 없고 배가 더부룩하며 배에 통증이 있다.

배에 손을 대면 편안해지고 따뜻한 물을 좋아한다.

입이 담백하나 갈증은 없으며 사지가 차다.

대변이 묽으며 심하면 설사를 한다.

혹은 사지에 부종이 생기며 여성들은 대하가 심하고 묽고 투명하다.

혀는 담백하고 부드러우며 설태는 희고 습하다.

비양허증 환자는 위양허증이 함께 나타나며 위완냉통(胃脘冷痛), 맑은 침을 흘린다.

② 치료 원칙

온운비양(溫運脾陽)이다.

③ 약선 식품

생강, 후추, 산약, 계피, 고추 등을 사용한다.

④ 약선

인삼연자산약대추죽, 리중계자청(理中鷄子淸), 양위(羊胃)조림, 진피양고기갱 등이 있다.

(3) 비기하함(脾氣下陷)

① 증상

머리가 어지럽고 눈이 침침하며 기운이 없고 무기력하며 목소리가 약하다.

식후에는 배가 더부룩하고 설사를 오래한다.

위하수나 자궁하수 등이 나타나기도 한다.

혀는 담백하고 설태는 희며 맥은 무력하다.

비, 위는 서로 연결되어 있어서 기운이 모두 아래로 함몰되므로 중기하함(中氣下陷)이라고 한다.

② 치료 원칙

보중익기거함(補中益氣擧陷)이다.

③ 약선 식품

송이버섯, 대추, 산약, 소고기, 콩제품, 찹쌀, 닭고기, 선어, 칡, 인삼, 황기, 시호, 갈근, 승마 등을 사용한다.

④ 약선

인삼시금치만두, 삼기(蔘耆)양고기탕, 삼기오리탕, 양원(養元)계란 등이 있다.

(4) 비불통혈(脾不統血)

① 증상

기운이 없고 목소리에 힘이 없으며 얼굴색이 창백하거나 누렇게 뜬다.

변혈(便血), 피부에 멍이 자주 든다.

여성들은 생리양이 많으며 하혈을 하기도 한다.

② 치료 원칙

익기섭혈(益氣攝血)이다.

③ 약선 식품

오징어, 콩제품, 감자, 대추, 산약, 닭고기, 흑설탕 등을 사용한다.

④ 약선

인삼양고기죽, 황기구기비둘기조림, 오삼불고기, 식초두부조림 등이 있다.

2) 실증

(1) 수습곤비(水濕困脾)

① 증상

배가 더부룩하고 식욕이 없으며 오심구토가 일어난다.

입은 담백하고 갈증은 없다.

몸이 무겁고 권태감이 심하며 변이 묽고 설사를 자주한다.

설태는 희고 지저분하다. 한습곤비, 습사곤비라고도 한다.

② 치료 원칙

조습건비(燥濕建脾), 온중화습(溫中化濕)이다.

③ 약선 식품

율무, 진피, 곽향, 창출, 백출, 복령, 향춘, 냉이, 생강, 후추 등 향신료를 사용한다.

④ 약선

생강죽, 후추대파탕, 창출죽, 두지탕 등이 있다.

(2) 비위습열(脾胃濕熱)

① 증상

배가 더부룩하며 답답하고 막혀 있는 느낌이 들며 음식이 먹기 싫고 오심 구토증상이 있다.

사지가 무겁고 대변이 묽고 설사를 하고 나서도 뒤가 무겁다.

설태가 노랗고 두꺼우며 지저분하다.

② 한방

습열곤비(濕熱困脾), 중초습열(中焦濕熱)이라고도 한다.

③ 현대의학

만성장염 발작이나 급성위장염 증상이 나타난다.

④ 치료 원칙

청열화습(淸熱化濕)이다.

⑤ 약선 식품

마치현, 마늘, 콩나물, 곽향엽, 택란, 인진쑥, 율무 등을 사용한다.

⑥ 약선

마치현나물, 담즙녹두분 등이 있다.

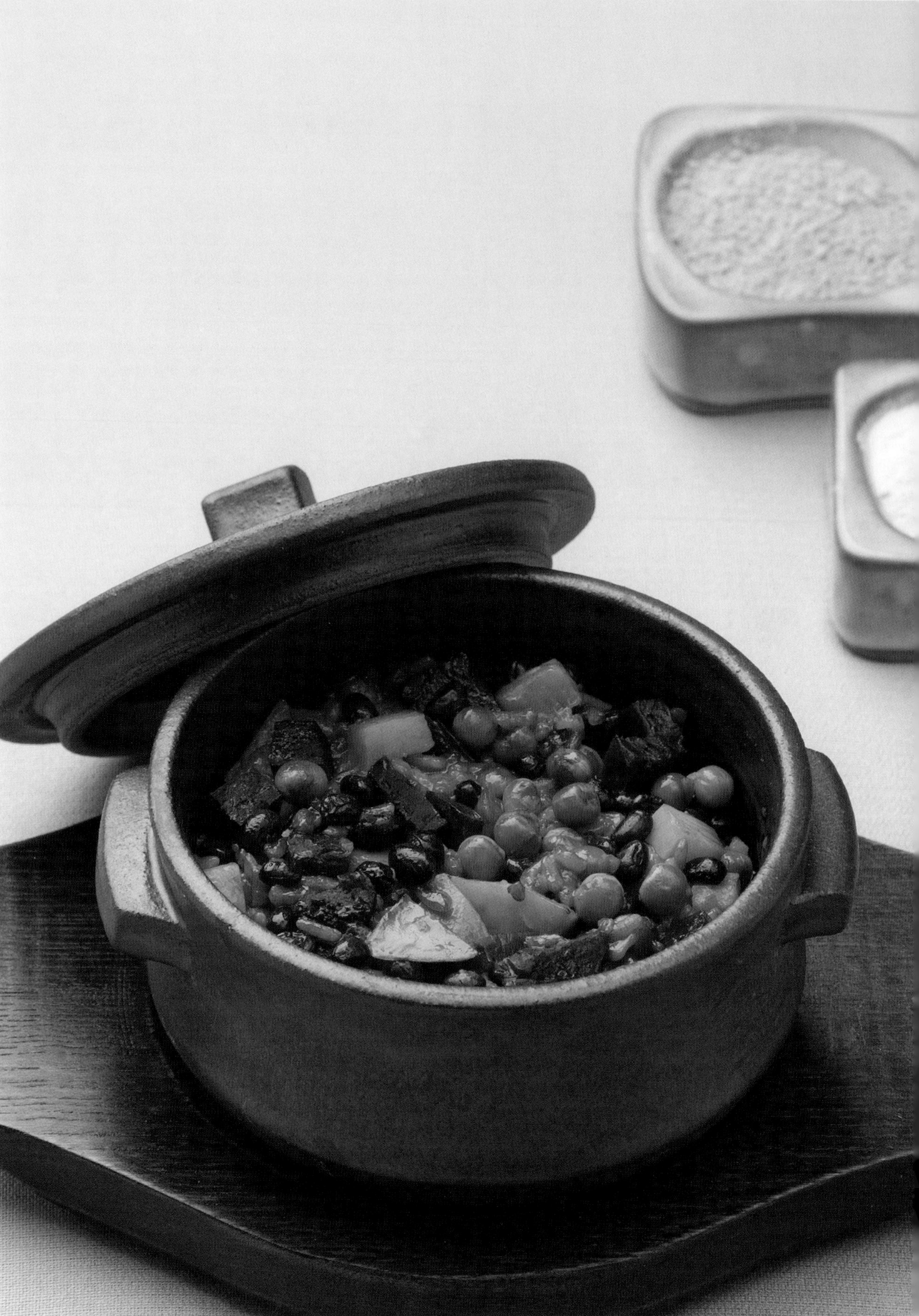

비기허증

만삼감자밥 (黨蔘馬鈴薯)

소화기를 튼튼하게 하여 소화 흡수가 잘 되게 한다. 폐와 신장의 기운을 보하여 권태감이나 비장이 허약해서 나타나는 설사, 냉대하에 효과가 있다. 어린이 영양불량이나 당뇨환자에게 좋은 약선이다.

재료

- **식재료** : 쌀 300g, 감자 100g, 자색고구마 50g
- **부재료** : 검은콩 20g, 흰콩 20g, 진간장 1/2작은술, 참기름 1/2작은술, 물 500g
- **약선재료** : 만삼가루 20g, 산약가루 20g

만드는 법

1_ 쌀을 씻어 30분간 불린 다음 물기를 뺀다.
2_ 감자는 껍질을 제거한 후 깍둑썰기를 해서 바닥에 깔고 불린 쌀을 올린다.
3_ 고구마도 깍둑썰기를 해서 불린 쌀 위에 올린다.
4_ 검은콩, 흰콩은 씻어서 30분간 불린 후 불린 쌀 위에 올린다.
5_ 만삼가루, 산약가루, 진간장, 참기름, 물을 넣고 밥을 한다.

배합분석

감자는 성질은 평하고 맛은 달며 비, 위경으로 들어간다. 비위를 튼튼하게 하며 기운을 만드는 효능이 있어 비장의 기운이 허약하여 나타나는 여러 가지 증상에 도움이 된다.
쌀은 보중익기(補中益氣), 건비양위(建脾養胃)의 효능이 있다.
흰콩은 관중도체(寬中導滯), 건비이수(建脾利水), 해독소종(解毒消腫) 작용이 있다.
산약과 만삼은 비장의 기운을 튼튼하게 하는 효능이 있어 배합하였다.

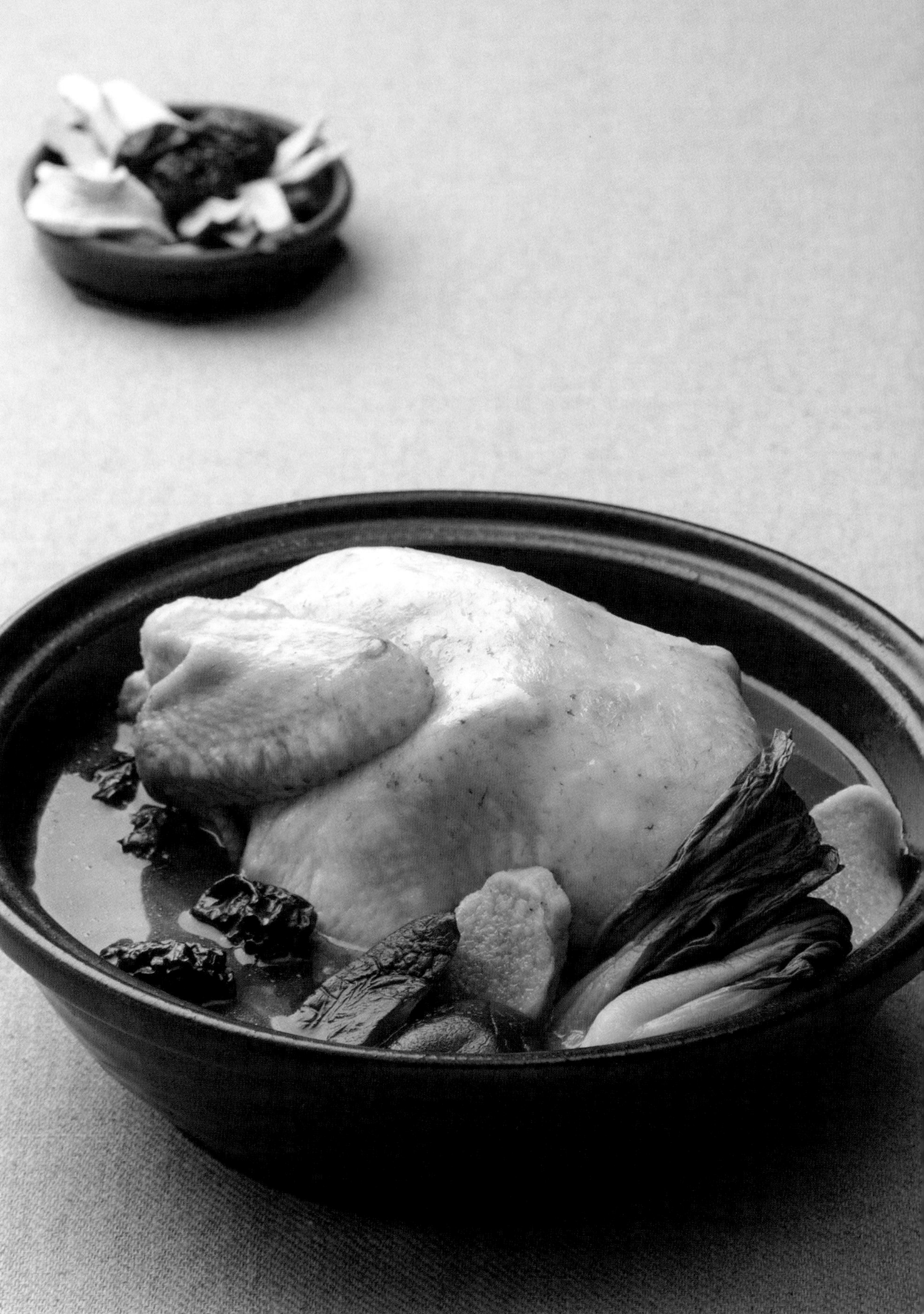

비기허증

사군자계탕 (四君子鷄湯)

비장을 튼튼하게 하고 기운을 만들어주는 약선으로 얼굴색이 누렇고 목소리에 기운이 없으며 식욕이 없는 사람들에게 좋다. 또한 사지가 무력하고 배가 더부룩하며 변이 묽게 나오는 증상에 효과가 있으며 기력이 떨어지는 모든 증상에 도움이 되는 약선이다.

| 재료 |

- **식재료** : 토종닭 1마리
- **부재료** : 찹쌀 180g, 청경채 80g, 소금 1큰술
- **약선재료** : 산마 50g, 황기 30g, 대추 20g, 생강 10g, 구기자 5g, 백출 5g, 복령 5g, 감초 5g, 육계 5g

| 만드는 법 |

1_ 닭을 깨끗이 씻어 정리한 후 뱃속에 불린 찹쌀, 산마, 황기, 대추, 생강, 구기자, 백출, 복령, 감초, 육계를 넣고 다리를 꼬아 고정시킨다.
2_ 솥에 1의 재료를 넣고 물 40컵을 붓고 센 불에서 20분간 삶다가 약한 불에서 40분간 푹 삶아준다.
3_ 닭이 완전히 익으면 청경채를 넣어 한소끔 끓여준다.
4_ 소금으로 밑간을 하여 완성한다.

| 배합분석 |

닭은 성질이 따뜻하고 달며 비, 위경으로 들어가 기운을 보하는 작용이 강한 식품이다.
황기는 비장의 운화 기능을 튼튼하게 하며 기운을 보하는 대표적인 식품이다.
대추는 약성을 완화시킨다.
생강과 육계는 중초를 따뜻하게 하는 효능이 있어 배합하였다.
백출과 복령은 비장을 튼튼하게 하면서 탁한 습을 제거하여 비장의 운화 기능을 강화시키는 효능이 있으며 백출과 배합하면 그 효능이 더욱 강해진다.
감초는 중초를 조절한다.

비기하함

황기보계 (黃芪補鷄)

체력이 허약하여 머리가 어지럽고 기운이 없는 사람이나 심장이 약한 사람, 저혈압환자에게 적합하며 위하수나 자궁하수, 신장하수, 탈창에 효과가 있다.

| 재료 |

- **식재료** : 오골계 1마리, 불린 찹쌀 200g, 물 2L
- **부재료** : 소금 약간, 후춧가루 약간
- **약선재료** : 황기 20g, 대추 20g, 엄나무 7g, 오가피 7g, 인삼 7g, 감초 5g

| 만드는 법 |

1_ 오골계를 깨끗이 씻어 물 2L를 붓고 끓으면 건져서 다시 씻어 놓는다.
2_ 국물은 그대로 끓여 거품을 걷어내고 면포에 걸러 놓는다.
3_ 오골계와 불린 찹쌀, 약선재료를 넣고 2의 육수를 부어 약한 불에 1시간 끓인다.
4_ 오골계가 물러지면 소금, 후추로 간을 하여 완성한다.

| 배합분석 |

오골계는 자보 작용이 강하면서 보기양혈 작용이 있어 음을 보하면서 기운이 나게 한다.
황기는 보기 작용이 강하다.
대추, 구감초는 보기건중(補氣健中) 작용이 있어 황기의 승양보기(昇陽補氣) 작용을 돕는다.
황기, 대추, 감초는 현대 연구에 의하면 강심승압 작용이 있는 것으로 밝혀졌다.

수습곤비

지구자추어탕 (枳具子鰍魚湯)

비위를 편하게 하고 중초를 보하며 습사를 제거하고 허증으로 인하여 식은땀 나는 것을 멈추게 하는 약선이다. 이수(利水) 작용과 해독 작용을 한다. 특히 암환자, 급만성황달성 간염환자에 좋다. 술독을 푸는 데 효과가 좋고 황달이나 간경화, 지방간 등 간장 질환에 효과가 좋다.

| 재료 |

- **식재료** : 미꾸라지 200g, 두부 1/4모
- **부재료** : 무청 20g, 된장 15g, 들깨 10g, 깻잎 5장, 마늘 10g, 청양고추 1개, 고춧가루 5g, 소금 3g
- **약선재료** : 지구자 20g, 엄나무 10g, 감초 10g, 산초 5g

| 만드는 법 |

1_ 지구자, 엄나무, 감초, 산초를 물 3컵에 우려서 육수를 준비한다.
2_ 미꾸라지는 잘 손질한 다음 무르게 삶아 체에 내린다.
3_ 약선 육수를 2에 붓고 끓이다가 된장을 푼다.
4_ 무청은 물에 불려 삶아서 껍질을 벗기고 썬 후 들깨를 갈아 탕에 넣는다.
5_ 탕이 끓으면 마늘, 고춧가루를 넣고 소금으로 간을 본다.
6_ 청량고추를 넣고 깻잎을 찢어서 넣는다.

| 배합분석 |

지구자는 포도당, 사과산, 칼슘이 있어 청열이뇨(淸熱利尿), 주해독(酒解讀)에 좋다.
구토, 구역을 그치게 하고 간장(肝腸)의 기능을 좋게 하며 간에 쌓인 독을 풀어주는 효능도 좋다.
미꾸라지는 중초(中焦)를 보하고 허증(虛證)으로 인한 식은땀을 없애준다.

| Tip |

미꾸라지는 살아 있는 것으로 준비하여 소금을 뿌려고 해감을 시켜서 냄새를 없애고 깨끗한 물로 잘 헹구어야 한다.

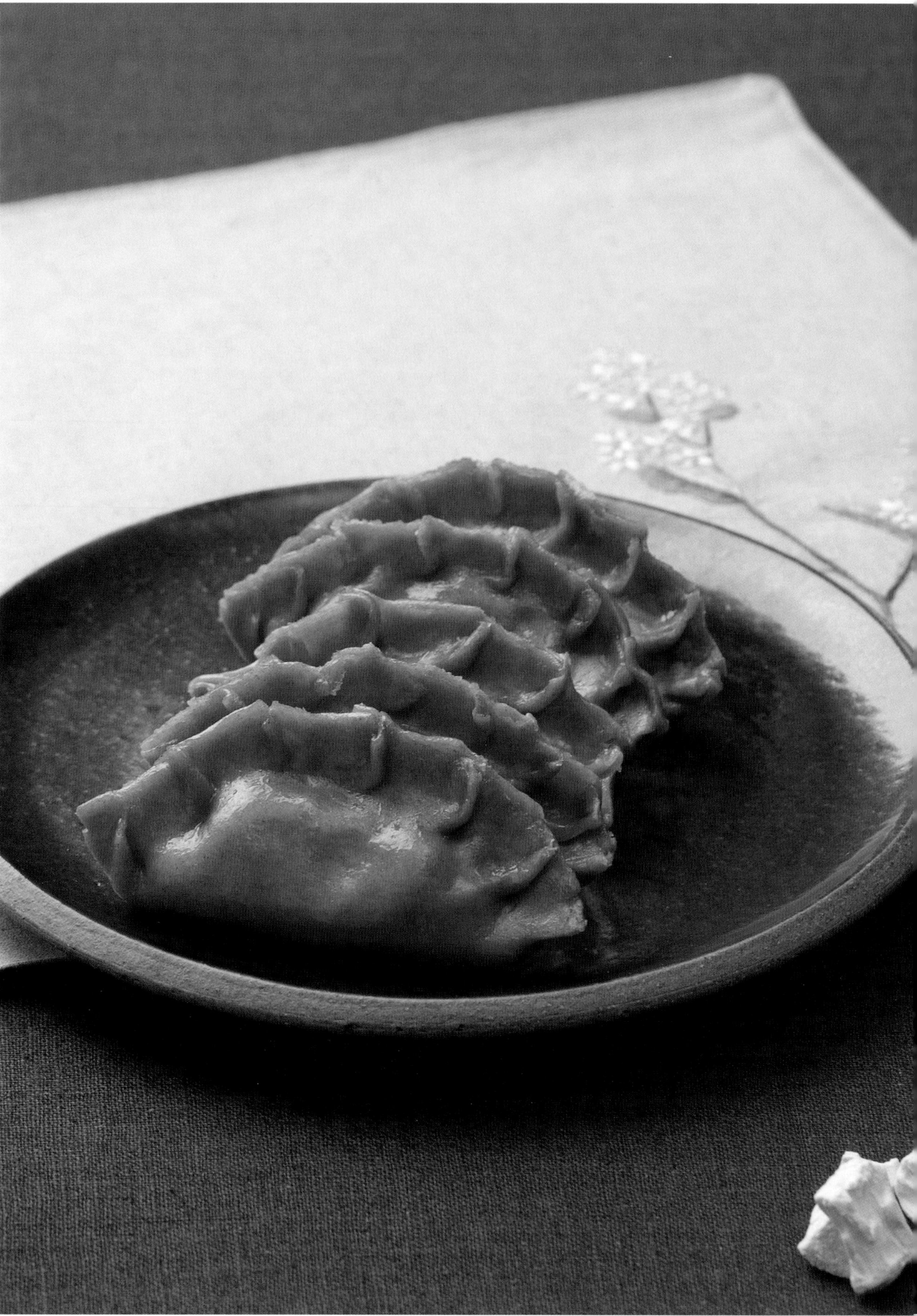

비위습열

메밀산약만두 (蕎麥山藥餃子)

열을 내리고 비위를 튼튼하게 하며 기운을 아래로 내려주고 적체를 제거하며 소화를 돕는 효능이 있다. 몸에 습열이 많아 눈이 자주 충혈되는 사람, 소화가 잘 되지 않아 자주 체하며 식욕이 없고 만성설사, 고지혈증, 고혈압, 동맥경화, 심혈관계질환자에게 적합한 약선이다.

재료

- **식재료** : 밀가루 100g, 소금 1작은술
- **부재료 1번** : 무 200g, 다진 쇠고기 200g, 양파 100g, 숙주나물 100g, 미나리 50g, 두부 50g, 참기름 · 소금 약간씩
- **부재료 2번** : 두부+쇠고기 양념 : 간장 2큰술, 청주 1큰술, 다진 마늘 1큰술, 다진 생강 1/2작은술, 꿀 1/2작은술, 참기름 1큰술
- **약선재료** : 메밀가루 3컵, 산약가루 70g

만드는 법

1_ 메밀가루, 밀가루, 산약가루, 소금을 섞어 체에 한 번 내린 후 뜨거운 물로 익반죽한다.
2_ 손으로 여러 번 치대서 반죽을 한 후 송편처럼 모양을 만든다.
3_ 무는 채쳐서 참기름과 소금을 넣어 부드럽게 볶은 다음 잘게 다진다.
4_ 미나리와 숙주는 살짝 데쳐서 수분을 제거하고 잘게 다진다.
5_ 양파는 채쳐서 달군 팬에 살짝 볶아 놓는다.
6_ 두부는 칼등으로 으깨서 다진 쇠고기와 양념을 넣어 골고루 섞는다.
7_ 무, 미나리, 숙주, 양파, 두부, 쇠고기 등을 골고루 섞어 만두소를 완성한다.
8_ 반죽에 만두소를 넣고 송편처럼 빚어 팔팔 끓는 소금물에 삶는다 (동동 뜨면 익은 것).

배합분석

산약은 성질이 평하고 맛은 달며 어느 체질이나 잘 맞는 식재료이다.
산에서 나는 몸을 보호하는 약이라 하여 산약이라 부른다.
메밀은 성질은 차고 맛은 달고 시다. 비위를 튼튼하게 하고 적체를 풀어주며 기운을 아래로 내려 장운동을 활발하게 한다. 해독 작용과 상처를 빨리 아물게 하는 효능이 있다. 몸에 열이 많고 식체가 자주 일어나는 사람에게 좋다.
고지혈증, 동맥경화, 고혈압환자에게 좋은 약선 요리라 할 수 있다.

Tip

반죽이 마르면 터지므로 젖은 면포에 싸서 촉촉하게 보관하면서 만두를 만든다.

비위 습열

복령찐만두(茯笭蒸餃子)

비장(脾臟)을 튼튼하게 하고 위(胃)를 편하게 하며 몸에 쌓인 불필요한 습(濕)을 제거한다. 심장(心臟)을 튼튼하게 하여 정신을 안정시키는 효능이 있다. 비장이 허약하여 몸이 자주 붓거나 몸에 습이 많으며 몸이 무거운 사람들, 불면증, 식욕부진에도 효과가 있다.

재료

- 식재료 : 밀가루 200g
- 부재료 : 돼지고기 200g, 생강 10g, 대파 20g, 반죽용 생수 1컵, 콩기름 2큰술, 간장 2큰술, 청주 1큰술, 소금 1/2작은술, 후추 약간, 참기름 1작은술
- 약선재료 : 복령 20g, 건표고버섯 20g

만드는 법

1_ 밀가루에 소금과 생수를 넣고 반죽을 해서 젖은 행주로 덮어 20분 정도 숙성시킨다.
2_ 복령과 마른 표고버섯은 따뜻한 물에 불린다.
3_ 불린 복령은 칼등을 이용해 으깨고 표고버섯은 잘게 썰고 대파, 생강은 다져 놓는다.
4_ 팬에 콩기름을 두르고 돼지고기, 간장, 청주를 넣고 볶다가 고기가 익으면 2를 넣어 가볍게 볶은 후 그릇에 옮긴다.
5_ 오목한 그릇에 4의 재료를 넣어 대파, 생강 ,후추, 참기름을 섞어 양념한다.
6_ 1을 소량 떼어 만두피를 만들고 5의 재료를 넣어 만두를 빚는다.
7_ 열이 오른 찜통에서 10분간 센 불에 쪄서 완성한다.

배합분석

복령은 평하고 맛은 달고 담백하며 심(心), 비(脾), 폐(肺), 신장(腎臟)경으로 들어간다. 이수삼습(利水滲濕), 건비화위(健脾和胃), 영심안신(寧心安神)의 효능이 있다.
밀가루는 심장과 신장을 튼튼하게 하고 가슴이 답답한 증상을 개선하는 효과가 있다.
복령과 배합하였으며 돼지고기는 몸을 윤택하게 한다.
표고버섯은 성인병을 예방하고 항암 효과가 있어 배합하였다.

Tip

만두반죽에 생막걸리를 넣고 실온에서 2시간 숙성시켜 사용하면 위(胃)를 편하게 한다.

제4절 간

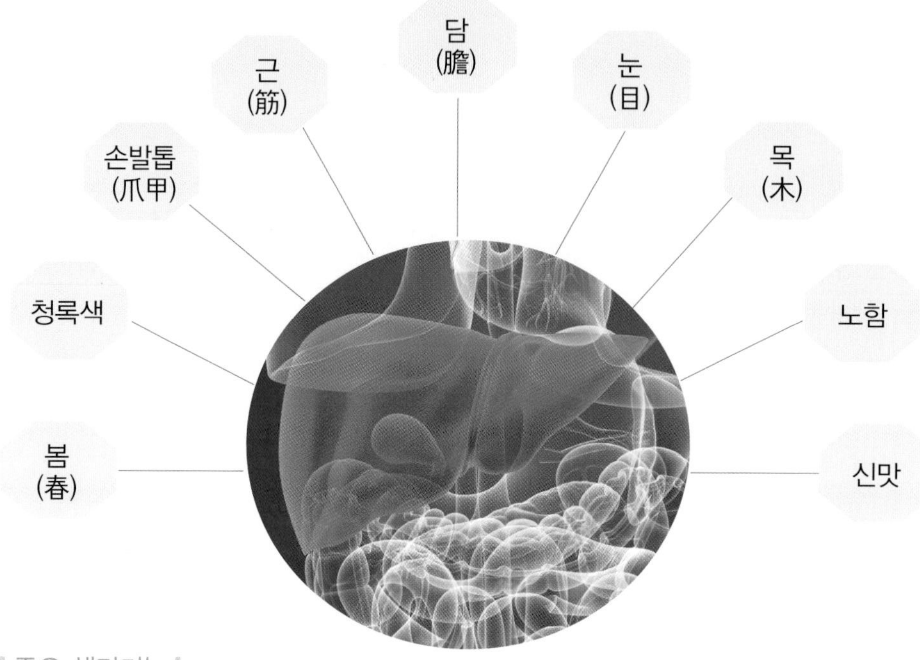

주요 생리기능

- 주소설(主疏泄) : 소통과 발설의 의미로 전신의 기운을 잘 통하게 하는 작용을 한다. 혈액과 진액의 운행을 추동하고 담즙의 분비로 인해 비위의 운화기능을 촉진시키는 작용이 있으며 정서적인 활동과 밀접한 관계가 있다.
- 주장혈(主藏血) : 혈액을 저장하는 기능으로 간양(肝陽)의 과도한 승등(昇騰)을 억제하고 혈량 분배를 조절하여 외부의 변화나 인체 각 부분의 혈량을 조절하는 기능이다.

주요 임상표현

간에 이상이 생기면 기운이 잘 소통하지 않고 뭉쳐서 우울증이나 창통이 나타나고 비장의 운화 기능이 잘 이루어지지 않아 소화기 계통에 이상이 오며 정서적으로 이상이 온다. 또한 여성들의 생리이상이나 근맥이 마비되는 증상이 나타난다.

- 임상표현: 정신이 우울하거나 조급하고 초조해 하며 쉽게 화를 내며 흉협과 소복부 창통이 나타나고 어지러움, 사지 떨림, 경련, 안질, 생리불순, 고환통증, 불면증 등의 증상이 나타난다.

1. 간의 변증시선

1) 허증

(1) 간음혈허증(肝陰血虛證)

① 증상

눈앞이 어지럽고 꿈이 많으며 안구가 건조하다.

시력이 약해지고 심하면 야맹증이 나타난다.

사지에 마비감이 있고 손톱과 발톱이 건조하고 노랗게 변한다.

여성들은 생리량이 적거나 폐경이 된다.

혀는 담홍색이며 진액이 적고 맥은 가늘고 현맥이다.

② 치료 원칙

간을 윤택하게 하고 혈을 보하는 방법이다.

③ 약선 식품

시금치, 은이, 구기자, 돼지간, 홍합, 거북이, 자라, 여정자, 토마토, 용안육, 당귀, 숙지황, 백작, 하수오, 산수유 등을 사용한다.

④ 약선

보간저간탕, 양간갱, 은이구기자탕, 현삼저간증, 당귀오골계조림, 아교저간갱, 산조인죽 등이 있다.

(2) 간양상항(肝陽上亢)

① 증상

어지럽고 창통이 있으며 얼굴과 눈이 붉고 성정이 급하고 화를 잘 낸다.

꿈이 많고 불면증이 있으며 허리가 시고 다리에 힘이 없다.

혀는 붉고 맥은 현맥이다. 고혈압환자에게 많이 나타난다.

② 치료 원칙

자간음(滋肝陰), 평간양(平肝陽)이다.

③ 약선 식품

은이, 미나리, 셀러리, 국화, 연근, 죽순, 바나나, 사과, 홍합, 거북이, 자라, 천마, 조구등, 모려, 지렁이, 오공, 누에, 석결명, 자석, 결명자 등을 사용한다.

④ 약선

천마어두탕, 전복탕, 해삼탕, 다시마결명자탕 등이 있다.

(3) 간풍내동(肝風內動)

① 증상

머리가 어지러우며 졸도하기도 한다.

머리를 잡아당기는 것 같은 통증이 동반된다.

몸과 사지를 떨고 말이 두서가 없고 걸음걸이가 비틀거린다.

혀는 붉고 맥은 현맥이다.

위급하게 나타나는 고혈압이다.

또한 뇌졸중의 전조증상으로 많이 나타난다.

② 치료 원칙

육음잠양(育陰潛陽), 평간식풍(平肝息風), 간양상항(肝陽上亢)에 음식물과 같이 배합한다.

③ 약선 식품

천마, 석결명, 모려, 누에, 지룡, 동충하초, 국화, 조구등, 진주분, 전갈, 오공 등을 사용한다.

④ 약선

오공계탕, 보수탕, 쌍이탕, 지룡계란흰자볶음, 충초저뇌 등이 있다.

2) 실증

(1) 간기울결(肝氣鬱結)

① 증상

기분이 우울하고 가슴이 답답하다.

한숨 자주 나오고 양쪽 옆구리에 창통이 나타난다.

여자들의 가슴에 창통이 나타나고 생리통, 생리불순이 나타난다.

② 치료 원칙

소간해울(疏肝解鬱)이다.

③ 약선 식품

향춘, 콩나물, 셀러리, 두릅, 여지, 박하, 장미화, 쑥갓, 불수, 사과, 유자, 청피, 향부자, 향연, 천궁, 목향, 지실, 천연자 등을 사용한다.

④ 약선

향부천궁차, 향춘두부무침, 청피죽, 여지향부음 등이 있다.

(2) 간화상염(肝火上炎)

① 증상

두통이 심하고 어지러우며 눈이 침침하고 이명이 나타난다.

얼굴과 눈이 충혈되고 입이 쓰고 목이 마르다.

옆구리가 불편하거나 열통이 있다.

불면증이 있고 입이 쓰며 악몽을 많이 꾸고 초조해 한다.

화를 잘 내고 변비가 있으며 소변이 붉다.

혀는 빨간색이며 설태는 노랗고 건조하며 맥은 현수맥이 나타난다.

고혈압, 만성간염, 만성담낭염, 만성췌장염환자의 발작기증상, 신경쇠약과도 비슷하다.

② 치료 원칙

청사간화(淸瀉肝火)이다.

③ 약선 식품

셀러리, 고과, 녹두, 수세미, 현채, 냉이, 선인장, 아스파라거스, 결명자, 국화, 치자, 동물담낭 등을 사용한다.

④ 약선

우비선인장(牛脾仙人掌), 저담녹두환(猪膽綠豆丸), 치자연심차, 쑥갓배추무침 등이 있다.

(3) 간담습열(肝膽濕熱)

① 증상

옆구리에 창통이 있으며 입이 쓰고 헛구역질이 나타난다.

배가 더부룩하고 변비가 있거나 대변이 시원하지 않고 소변이 붉다.

혀가 붉고 설태는 노랗고 지저분하며 맥은 현수맥이다.

또한 황달이나 학질증상이 나타나기도 하고 음낭습진, 고환종창열통이 있다.

대하가 노랗고 냄새가 나며 외음부가 가려운 증상으로 나타나기도 한다.

② 현대의학

만성활동성간염, 만성담낭염, 만성췌장염, 음낭습진, 만성골반내염발작기, 고환염에서 나타나는 증상이다.

③ 치료 원칙

청리간담습열(淸利肝膽濕熱)이다.

④ 약선 식품

인진쑥, 포공영, 율무, 오리, 미꾸라지, 개구리다리, 백모근 등을 사용한다.

⑤ 약선

포공영나물, 하금차(夏金茶), 인창죽(茵蒼粥), 오리죽 등이 있다.

(4) 한체간경(寒滯肝經)

① 증상

아랫배가 당기고 고환으로 통증이 연결되며 음낭이 수축된다.

한사를 만나면 통증이 심해지고 따뜻하면 통증이 완화된다.

설태는 희고 윤택하며 맥은 현맥이다.

② 치료 원칙

난간산한(暖肝散寒)이다.

③ 약선 식품

잠두(蠶豆), 여지(荔枝), 회향(茴香), 계피 등을 사용한다.

④ 약선

오수유죽, 육계죽, 수정과, 여지향부음(荔枝香附飮) 등이 있다.

간혈허증

당귀오골계탕 (當歸烏骨鷄湯)

간을 보하고 신장을 보하며 기혈을 보하고 허열(虛熱)을 내리며 생리를 조절하는 데 좋은 약선 음식으로 당귀는 여성의 생리를 조절하고 혈액을 활발하게 하며 통증을 완화시키는 작용을 한다.

재료

- 식재료 : 오골계 1마리
- 부재료 : 건표고버섯 10g, 불린 찹쌀 100g, 생강 15g, 청주 1작은술
- 약선재료 : 당귀 10g, 황기 10g, 대추 10g, 숙지황 5g, 감초 3g

만드는 법

1_ 오골계는 잘 손질해서 배에 찹쌀, 생강, 대추를 넣고 냄비에 함께 익힌다.
2_ 당귀, 숙지황, 황기, 감초, 건표고를 넣고 푹 삶은 다음 체에 밭쳐 만든다.
3_ 오골계가 익으면 2의 약물에 청주를 넣고 한소끔 더 끓여낸다.

배합분석

당귀는 간경, 심장경에 들어가고 보혈활혈(補血活血), 행기지통(行氣止痛) 효능이 있다.

숙지황은 간경에 속하고 허약한 증상에 사용하는 대표적인 약으로 혈액을 만들어주는 효능이 있고 신장의 정기를 채워주며 골수에 좋다.

당귀와 숙지황을 함께 써서 효능을 더욱 좋게 한다.

감초를 써서 맛을 증진시켜 준다.

황기는 보기작용이 있어 혈액을 만드는 데 도움을 주며 이수(利水) 작용이 있다.

대추는 찹쌀에 다소 부족한 철분과 칼슘, 섬유질을 보충해 준다. 식욕 증진에도 도움이 되고 제독 효과가 있고 모든 약의 성질을 조화시키는 역할을 한다.

간음허증

당귀구기죽(當歸枸杞粥)

보혈 작용이 있는 당귀를 우려낸 물로 만든 죽으로 혈허(血虛), 혈체(血滯)로 인하여 생기는 병증에 사용되고 혈분(血分)에 한사(寒邪)가 있는 경우에 더욱 좋다. 간과 신장을 윤택하게 하고 정기를 보하며 근골을 튼튼하게 하는 데 좋은 약선이다.

재료

- **식재료** : 쌀 100g
- **부재료** : 들기름 5g
- **약선재료** : 당귀 10g, 구기자 10g

만드는 법

1_ 물에 쌀을 불려서 체에 받쳐 물기를 제거하고 팬에 들기름을 조금 넣어 볶는다.
2_ 당귀를 물에 불려서 물을 넣고 우려낸 다음 볶아진 쌀에 넣는다.
3_ 일반적인 죽을 쑤듯이 하면 되고 죽이 마무리가 되면 불린 구기자를 넣어 함께 만든다.

배합분석

구기자는 간경으로 정혈을 보호하고 폐를 윤택하게 하며 눈을 밝게 하고 노화를 방지하는 효능이 있다.
당귀는 간경에 들어가 음허로 인한 환자에게 좋다. 당귀의 단맛은 보(補)하고 신맛은 산(散)하며 쓴맛은 설(泄)한다. 당귀의 따뜻한 성질은 기를 통하게 하여 보혈활혈(補血活血)하며 행기지통(行氣止痛)하는 효능이 있다.

간양상항

천마떡갈비 (天麻豬排肉)

간풍을 가라앉게 하고 자음 작용이 있어 간양상항(肝陽上亢)에 좋은 약선이다. 어지럽고 창통(脹痛)이 있으며 성정이 급하고 화를 잘 내며 꿈이 많고 불면증이 있는 증상에 효능이 있다. 간양상항으로 인한 고혈압에 효과적인 약선이다.

| 재료 |

- **식재료** : 돼지고기 갈비살 다진 것 400g, 호두가루 10g
- **부재료** : 부추 30g, 고춧가루 1큰술, 소금 1/2작은술, 식초 1작은술, 깨소금 1작은술
- **갈비양념** : 간장 3큰술, 양파즙 3큰술, 청주 1큰술, 꿀 1큰술, 설탕 1큰술, 다진 파 2큰술, 다진 마늘 1큰술, 생강즙 1큰술, 찹쌀가루 1큰술, 참기름 1큰술, 깨소금 · 후추 적당량
- **조림장** : 간장 1큰술, 물엿 1/2큰술, 양파즙 2큰술, 참기름 1큰술, 와인 5큰술, 후춧가루 적당량
- **약선재료** : 생천마 400g

| 만드는 법 |

1_ 다진 갈비살에 양념을 넣고 끈기 나게 치댄다.
2_ 생천마는 껍질을 제거하고 1cm 두께로 썰어 가장자리를 둥글게 다듬어 쌀뜨물에 데친다.
3_ 조림장 재료를 걸쭉하게 끓인다.
4_ 손질한 천마에 밀가루를 묻히고 양념한 갈비살의 모양을 둥글게 만들어 붙인다.
5_ 달구어진 팬에 포도씨유를 두르고 중불에서 10분 정도 뒤집어가며 뚜껑을 덮고 익히다가 뚜껑을 열고 육즙이 없어질 때까지 굽는다.
6_ 부추를 5cm로 썰어 고춧가루, 소금, 식초, 깨소금으로 버무려 놓는다.
7_ 노릇하게 지져낸 떡갈비 위에 조림장을 바르고 호두가루를 뿌려서 완성하여 낸다.

| 배합분석 |

돼지고기는 성질이 차다.
단백질이 풍부하여 간을 윤택하게 하고 음을 보하는 작용이 있다.
천마는 간을 편하게 하고 풍을 다스리는 작용이 주가 되며 열을 내리는 효능이 있다.

| Tip |

천마는 음력 2–3월과 5–8월에 채취하여 껍질을 긁어버리고 끓는 물에 약간 삶아 햇볕에 말리거나 술에 담갔다가 쪄서 말린 것을 쓴다.

간풍내동

천마탕(天麻湯)

간풍을 안정시키는 효능이 있다. 간풍내동(肝風內動)으로 떨림 현상이 나타나거나 어린이들이 경기를 하며 사지를 떠는 증상에 효과가 있다. 중풍 전조증, 경추병, 고혈압으로 인해 머리가 어지럽고 두통이 있을 때 적합한 약선이다. 또한 풍을 맞아 사지를 잘 쓰지 못하거나 마비되고 관절운동이 잘 되지 않거나 풍습으로 인한 관절염에도 좋다. 신경쇠약, 혈관성두통, 돌발성이명, 뇌경색, 노인성치매에 효과가 있다.

| 재료 |

- **식재료** : 미나리 10g, 표고버섯 10g, 새송이버섯 1개, 양송이버섯 4개, 팽이버섯 1봉, 느타리버섯 10개, 홍고추 1개, 죽염 1큰술
- **부재료** : 대파 1/2뿌리, 홍고초 1개, 다진 마늘 2작은술, 간장 2큰술, 소금 1큰술
- **약선재료** : 생천마 100g, 오가피 10g, 당귀 10g, 삼백초 5g, 감초 2g

| 만드는 법 |

1_ 오가피, 당귀, 삼백초, 감초를 넣고 물 1L를 부어 20분간 끓인 뒤 걸러서 약물을 준비한다.
2_ 생천마를 씻어 껍질은 반쯤 벗겨 어슷썰기한다.
3_ 표고버섯, 새송이버섯, 양송이버섯은 편을 썰고 느타리버섯은 손으로 찢고, 팽이버섯은 뿌리를 잘라 적당히 떼어 놓는다.
4_ 대파는 어슷썰고 미나리는 손질하여 5cm로 썬다.
5_ 약물에 천마를 넣고 한 번 끓인 후 팽이버섯을 제외한 모든 버섯을 넣고 다진 마늘과 간장, 죽염으로 간을 하여 한소끔 끓인다.
6_ 팽이버섯과 미나리, 어슷썬 홍고추를 넣어 마무리한다.

| 배합분석 |

천마는 《본초강목》에서 "풍을 다스리는 신약이다"라고 하였다. 간 기운을 편하게 하고 열을 내리는 효능이 있다.
오가피는 풍습을 제거하고 간과 신장을 보하므로 함께 사용하였다.
삼백초도 청열해독(淸熱解毒), 배농소종(排膿消腫) 효과가 있다.
당귀는 보혈작용이 있어 간의 기능에 효과적이다.
감초는 해독작용, 건비기능이 있으며 약의 조화를 이룬다.
미나리는 열을 내리고 간의 기운을 안정시키는 효능이 있다.

| Tip |

몸이 너무 허약한 사람은 신중을 기해야 하고, 열이 많아 현기증이 나고 어지러운 사람과 피가 모자라고 풍이 없는 사람은 복용하지 말아야 한다.

간기울결

엄나무연근죽 (海桐皮蓮根粥)

간장, 신장, 비위에도 좋으며 풍습을 없애고 관절염, 피부병, 신경통, 근육통, 만성간염, 간경화에 좋다. 중초를 편하게 하고 고혈압, 치매 예방에 효과가 좋은 약선이다.

재료

- **식재료** : 멥쌀 200g, 연근 30g
- **부재료** : 간장 · 들기름 약간
- **약선재료** : 엄나무 10g, 대추 10g

만드는 법

1_ 쌀을 물에 불려서 물기를 제거하고 팬에 들기름과 함께 볶는다.
2_ 엄나무를 삶아서 육수를 만든 후 대추는 갈아 넣는다.
3_ 볶은 쌀에 연근, 엄나무 육수를 넣고 죽을 쑨다.
4_ 마지막에 간장으로 간을 한다.

배합분석

엄나무는 성질은 평하고 맛은 쓰고 매우며 간경으로 들어간다. 경락을 잘 통하게 하고 풍습병을 치료하며 습진이나 가려움증에도 좋다.
연근은 비장을 튼튼하게 하고 보혈 작용이 있으며 간질환에 도움을 주어 배합하였다.
쌀은 속을 편하게 하고 소화를 돕는다.

Tip

죽은 쌀로 쑬 경우 소금으로 하지 않고 간장으로 한다.

간화상염

천마냉채(天麻冷菜)

간화를 가라앉게 하고 내풍을 안정시키는 효능이 있으며 이명(耳鳴), 변비, 얼굴이 붉고 눈이 충혈되고 가슴이 답답하고 화가 쉽게 나는 간화상염 증상에 효과적인 약선이다.
간중열증(肝中熱證), 간열증(肝熱證) 등 열통에 간열을 내리고 간화를 없애주어 효과적이다.

재료

- **식재료** : 배 100g, 양상추 50g, 파프리카 50g, 브로콜리 20g, 치커리 10g, 국화 10g
- **양념장** : 양파 1/2개, 레몬 1/2개, 올리브오일 40g, 식초 10g, 꿀 5g, 소금 2g, 흰후추 약간
- **약선재료** : 생천마 100g

만드는 법

1_ 양상추는 먹기 좋은 크기로 손으로 뜯어 찬물에 담가둔다.
2_ 브로콜리는 소금을 넣고 살짝 데치고, 파프리카는 골패 썰기를 한다.
3_ 생천마는 껍질을 벗긴 후 쌀뜨물에 데쳐서 둥글게 썰어 놓는다.
4_ 치커리는 5cm길이로 썰고 배도 납작하게 적당한 크기로 썬다.
5_ 양파, 레몬즙, 올리브오일, 식초, 소금, 흰후추, 꿀 등을 섞어 양념장을 만든다.
6_ 준비한 야채를 섞은 뒤 국화를 뜯어 위에 얹은 후 양념장을 곁들여 낸다.

배합분석

천마는 풍열두통을 치료하는 효과가 있다.
국화는 청열평간(淸熱平肝), 청두명목(淸頭明目) 작용이 있다.
양상추와 양파는 위를 튼튼하게 하고 혈압을 강하시키는 효과가 있다.
또한 고혈압, 고지혈증, 동맥경화에도 효과가 있다.

간담습열

해동피산낙지탕(海桐皮章魚湯)

간 기능 강화 및 신진대사에 좋은 약선으로 관절염, 피부병, 신경통, 근육통에 좋고 특히 만성간염과 간경화에도 좋고 풍습을 제거하고 경락을 잘 통하게 한다.

| 재료 |

- **식재료** : 산낙지 2마리
- **부재료** : 멸치 30g, 양파 20g, 부추 10g, 다시마 5g, 간장 1작은술, 소금 3g, 후추 약간
- **약선재료** : 엄나무 30g

| 만드는 법 |

1_ 엄나무를 우려낸 물 3컵에 다시마, 멸치를 넣고 육수를 끓여 체에 밭친다.
2_ 팬에 양파를 넣고 볶다가 간장, 육수를 넣고 끓인다.
3_ 소금 간을 하고 손질된 산낙지를 넣고 살짝 익으면 후추를 넣는다.
4_ 마지막에 부추를 넣고 탕 그릇에 잘 담는다.

| 배합분석 |

낙지는 기운을 보하고 혈액을 만들어주며 상처를 잘 아물게 하는 효능이 있다.
또한 콜레스테롤을 방지하는 DHA가 함유되어 있다.
아미노산의 일종인 타우린이 다량 함유되어 있어서 피를 맑게 해주고 뇌의 발달과 어린이 성장 발육에 도움을 준다.
해동피 맛이 쓰고 평하다. 간경에 속해 풍습을 없애고 경맥을 잘 통하게 하며 거담, 염증, 복통, 이질, 구토, 설사, 비위(脾胃)에 효능이 있다.

한체간경

오가피애초탕(五加皮艾草湯)

간장과 신장에 좋은 약선으로 풍습을 제거하고 근골을 튼튼하게 하고 만성기관지염과 만성간염, 간경변에 효과가 있다. 혈맥을 활발하게 하고, 간신(肝腎) 부족으로 인해 중, 노년기에 허리가 시고 아프며 다리에 기운이 없는 증상에 좋다.

재료

- **식재료** : 모시조개 80g, 쑥 20g
- **부재료** : 양파 20g, 간장 1작은술, 마늘 10g, 청량고추 10g
- **약선재료** : 오가피 10g

만드는 법

1_ 오가피는 물에 1시간 정도 불렸다가 40분 정도 끓여 육수로 준비한다.
2_ 양파는 채 썰어 육수에 넣고 쑥은 부드러운 부분만 손질해서 넣는다.
3_ 모시조개는 해감을 한 다음 쑥물이 살짝 우러나면 바로 넣고 끓으면 간장을 넣는다.
4_ 마지막에 마늘, 청양고추를 넣는다.

배합분석

쑥은 속을 덥게 하고 냉을 쫓으며 습을 제거해 준다고 했다.
부인병 치료, 냉대하, 생리통 등에 효과, 지방 대사를 도와 다이어트에 효과가 있다.
모시조개는 천연의 타우린과 호박산이 들어 있어서 간 기능에 좋다.
타우린은 담즙 분비를 촉진시키고 유산이 늘어나지 않도록 억제해서 피로 회복에 도움을 준다.

Tip

모시조개는 너무 많이 끓이지 않아야 국물 맛이 좋다. 청양고추를 마지막에 조금 넣으면 맵지 않고 기운을 살짝 돋워주는 역할을 한다.

제5절 신장

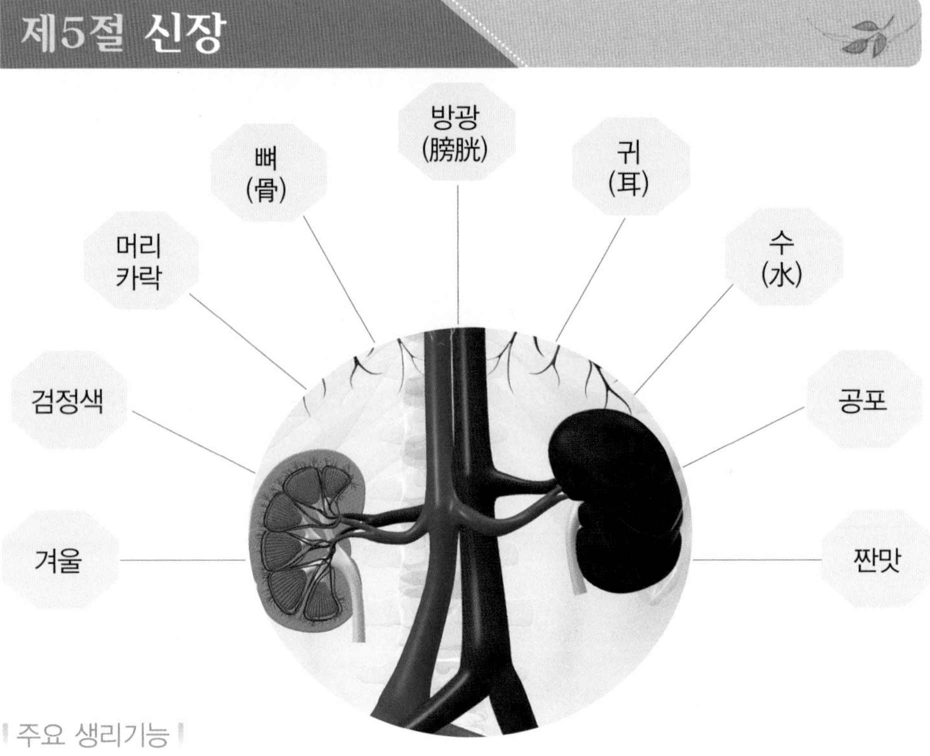

주요 생리기능

- 주장정(主藏精) : 부모로부터 받은 정(精)을 저장하고 있는 장기로 인체의 생장, 발육, 생식을 주관한다.
  신장 안에 원음과 원양이 기생하며 장부음양의 근본이 되므로 '선천지본'이라고 한다.
- 주수(主水) : 정기의 기화작용에 의해 체내의 진액수포, 배설, 대사평형을 유지하는 작용을 말하며 요액의 생성과 배뇨가 이루어진다.
- 주납기(主納氣) : 폐에서 흡입한 청기를 섭납하여 호흡이 얕아지는 것을 방지하고 체내외 기체의 정상교환을 돕는다.

주요 임상표현

신장에 병변이 생기면 인체의 생장, 발육, 생식기능에 장애가 나타나며 수액대사가 실상되고 호흡기능 감퇴와 뇌, 수, 골, 머리카락, 귀와 이음(二陰) 이상으로 나타난다.

- 임상표현: 신장병은 주로 허증으로 나타나고 대부분 선천적인 유년기 정기부족이나 후천적으로 나타나는 노년기의 방사 부적절, 식생활 부적절로 인한 정기부족으로 발생하여 신장의 음, 양, 정, 기의 부족을 일으킨다.

1. 신장의 변증시선

1) 허증

(1) 신음허증(腎陰虛證)

① 증상

이명이 나타나며 어지럽고 시력이 감퇴되며 허리와 무릎이 시고 힘이 없으며 신체가 마르고 인후가 건조하다. 이러한 증상들은 야간에 특히 심하다.

신음허증(腎陰虛證)이 심해지면 오심번열, 오후조열, 도한, 남자유정, 여자몽교(女子夢交) 증상이 나타난다.

혀가 붉고 설태는 적고 건조하며 맥은 가늘고 빠르다.

주로 만성병을 오래 앓고 나면 나타나는 증상이다.

② 치료 원칙

자보신음(滋補腎陰)이다.

③ 약선 식품

거북이, 자라, 굴, 게, 홍합, 전복, 오리, 장어, 메추리, 동충하초, 두충, 생지황, 구기자, 여정자, 숙지황, 상기생 등을 사용한다.

④ 약선

전복해삼탕, 사골탕, 충초압, 자라탕, 거북이탕, 지황밤죽, 장어찜 등이 있다.

(2) 신양허증(腎陽虛證)

① 증상

얼굴색이 희고 몸이 차고 정신이 없으며 허리와 무릎이 시리고 차다.

남자양위(陽痿), 여자자궁냉증, 불임증상이 나타난다.

혀가 담백하고 설태가 희며 맥은 무력하다.

주로 만성병을 앓고 있는 사람에게 나타난다.

② 치료 원칙

온양신양(溫補腎陽)이다.

③ 약선 식품

사슴고기, 육계, 잠두, 누에, 밤, 닭고기, 양고기, 동물생식기, 육종용, 토사자, 익지인, 해마, 양기석, 음양곽, 보골지 등을 사용한다.

④ 약선

장양병(壯陽餅), 정향계, 용마(蓉馬)동자계, 부추새우볶음, 계심죽, 쌍편(雙鞭)장양탕 등이 있다.

약선-부자

- 온신장양(溫腎壯陽) 약선은 육계를 사용한다.
- 보신양, 충수해약선(充髓海藥膳) 약선은 신양허증, 이명, 이농(耳聾)에 홍합을 사용한다.
- 온신고발(溫腎固髮) 약선은 머리가 빠지거나 이가 흔들리는 증상이 겹치면 하수오를 사용한다.
- 온신지사(溫腎止瀉) 약선은 변이 묽게 나오거나 소화되지 않을 때 건강, 산약을 사용한다.
- 축뇨고신(縮尿固腎) 약선은 부종, 야뇨증이 심하면 익지인, 오미자 등을 사용한다.
- 보신고정(補腎固精) 약선은 활정(滑精)이 겹치면 금앵자를 사용한다.
- 온신조양(溫腎助陽) 약선은 양위, 조루가 겹치면 녹용, 음양곽을 사용한다.

(3) 신기허증(腎氣虛證)

① 증상

정신이 피로하고 허리와 무릎이 시리고 힘이 없다.

소변이 자주 마렵고 맑고 길며 소변 후 잔뇨감이 있으며 야간에 소변이 많다.

남자들은 유뇨, 활정, 조루 등이 나타난다.

여자들은 냉이 많으면서 맑고 묽으며 유산이 잘된다.

혀는 담백하고 설태는 희며 맥은 무력하다.

신기불고는 신양허에서 오며 신양허증상과 겸해서 나타나는 경우가 많다.

남녀성기능감퇴와 노인남성들의 만성전립선염의 증상과 같다.

② 치료 원칙

신양허를 바탕으로 신기고섭(腎氣固攝) 작용을 하므로 온양신양의 음식물을 배합한다.

③ 약선 식품

토사자, 보골지, 금앵자, 익지인, 검인, 오미자를 사용한다.

④ 약선

구기자닭고기볶음, 음양곽소고기탕 등이 있다.

(4) 신정부족(腎精不足)

① 증상

어린이 발육이 늦고 신체가 왜소하며 지력이 떨어지고 신문이 늦게 닫히는 증상이다.

② 치료 원칙

성인의 조로현상, 조백(早白), 탈모, 건망증, 치매, 다리가 무력해지고 동작이 완만한 증상, 신음허, 신양허가 진행되어 신정부족, 어린이는 선천적인 신정부족, 보양신정의 식품은 혈육유정의 식품이 대부분이며 초목으로 된 음식물로는 부족하다.

예를 들면 건강한 산모태반, 동물뇌수, 척수 등이 좋다.

남자들은 동물고환이 좋고 여자들은 암컷의 태반이나 양태반이 좋다.

③ 약선 식품

위에서 언급한 것 외에 해삼, 황정, 아교, 자라, 감실, 하수오, 흑지마, 여정자, 토사자, 구기자, 호두육 등이 있다.

혈과 정을 보하며 양기를 만드는 식품을 약선에 배합하면 효과가 좋다.

④ 약선

십전대보탕, 패왕별희, 팔보죽, 제비집요리, 해삼탕, 불도장 등이 있다.

2) 실증

(1) 신과 방광습열

① 증상

소변을 자주 보고 급하며 잘 나오지 않고 적으며 통증이 나타난다.

또한 소변색이 혼탁하거나 혈뇨가 나오고 발열, 요통을 동반한다.

설태는 노랗고 지저분하며 맥은 빠르고 힘이 있다.

만성신우신염 발작기나 만성전립선염 발작기, 요도감염에서 나타난다.

② 치료 원칙

청열리습통임(淸熱利濕通淋)이다.

③ 약선 식품

숙주나물, 고과, 동과, 수박, 냉이, 차전자, 목통, 통초, 구맥, 등심초, 지부자, 해금사, 활석 등을 사용한다.

④ 약선

차전자음, 옥수수 수염차, 오피탕 등이 있다.

(2) 신결석증

① 증상

소변을 자주 보고 급하며 혈뇨를 보고 소변에서 돌이 나온다. 허리, 아랫배에 통증이 심하다. 요도에 결석이 있어서 일어나는 증상으로 한방에서는 석임(石淋)이라고 한다.

② 치료 원칙

돌을 용해하거나 배출시키는 방법을 사용한다.

③ 약선 식품

주로 담백하고 맑은 음식을 먹어야 한다. 시금치, 양매(楊梅), 토마토, 콜라, 초콜릿, 후추, 감자, 고추, 기름진 고기, 계란 노른자 등은 습열을 만들므로 적게 먹어야 한다. 평소 물과 차를 많이 마신다.

④ 약선

차전초탕, 계내금분, 해바라기씨죽, 계내금탕이 좋으며 노인들은 호두빙탕유가 좋다.

신음허증

검은콩전 (黑豆餠)

하수오는 간신(肝腎) 부족으로 인한 이명(耳鳴)이나 어지럼증, 허리와 무릎이 시고 아프며 힘이 없고 머리가 빨리 하얗게 되는 등 노화현상이 빨리 오는 사람에게 효과가 있다. 또한 피부가 건조한 사람이나 장이 건조해 변비가 있는 사람들에게 좋은 약선이다.

재료

- **식재료** : 불린 콩 1/2컵, 돈육 50g(소금 1/6작은술, 파 1작은술, 마늘 1/2작은술, 참기름 1/2작은술, 깨소금 1작은술, 생강 1/4작은술)
- **부재료** : 흑임자 1큰술, 쌀가루 3큰술, 달걀 3개, 김치 80g, 양파 50g, 홍고추 1/2개, 달래 20g
- **콩물+약물 양념** : 파 2작은술, 마늘 1작은술, 참기름 1작은술, 깨소금 2작은술, 소금 1/2작은술, 후춧가루 약간
- **약선재료** : 하수오 5g

만드는 법

1_ 물에 하수오를 넣고 20여 분간 끓인 뒤 체에 밭쳐 약물 1/2컵을 준비하고 콩은 씻어 3배의 물을 붓고 4~5시간 정도 불려서 삶아 건진다.
2_ 삶은 콩에 약물과 흑임자를 넣고 믹서에 갈아 놓는다.
3_ 양파, 돈육은 다지고 김치는 속을 털어내어 국물을 꼭 짜서 송송 썰어 갖은 양념을 한다.
4_ 홍고추와 달래도 손질하여 잘게 썰고 계란은 풀어 놓는다.
5_ 3, 4에 쌀가루를 넣고 갈아놓은 콩물을 부어 혼합한 후 간을 맞춘다.
6_ 열이 오른 팬에 기름을 두르고 콩 반죽 물을 한 수저씩 떠놓고 지름 6cm 크기로 노릇하게 지져낸 다음 접시에 담아낸다.

배합분석

검은콩의 효능은 활혈이수(活血利水)이며 거풍(袪風), 해독(解毒)하는 작용이 있다.
하수오는 성질이 따뜻하고 약간 떫은맛, 단맛, 쓴맛이 있으며 간, 신장경으로 들어간다.

Tip

다른 전과는 달리 콩을 이용한 전을 부칠 때에는 기름을 넉넉히 넣고 부쳐야 맛이 부드럽다. 콩물에 소금 간을 미리 하면 묽어지므로 유의한다.
콩을 한소끔 삶아서 조리해야 콩 비린내가 나지 않으며 달래 대신 깻잎을 넣어 향을 내기도 하고 그 외에 냉이, 쑥, 신선초, 취나물 등을 이용하면 효과적이다.

신양허증

복분자수삼냉채(覆盆子人蔘拌冷菜)

수삼의 효능은 대보원기(大補元氣), 안신증지(安神增智)이며 기혈진액 부족으로 인한 증상에 효과적이다. 또한 식욕부진이나 식은땀이 나고 어지럽고 건망증이 심하며 비뇨기계통이나 부인병, 남성병에 모두 탁월하며 특히 허약한 체질로 식욕이 없고 신트림이 나고 힘이 없는 사람에게 좋은 약선이다.

재료

- **식재료** : 수삼 120g
- **부재료** : 배 100g, 미나리 30g, 깐 밤 20g, 대추 20g, 잣 1/2작은술
- **양념** : 복분자즙 3큰술, 식초 3큰술, 설탕 3큰술, 소금 2작은술
- **약선재료** : 복분자 20g

만드는 법

1_ 수삼을 깨끗이 손질하여 4cm×0.2cm×0.2cm로 채 썬다.
2_ 미나리는 손질하고 가는 쪽으로 4cm 길이로 썬다.
3_ 밤, 배는 껍질을 벗기고 3cm×0.2cm×0.2cm 길이로 곱게 채 썬다.
4_ 대추는 젖은 행주로 표면을 닦고 씨를 빼낸 다음 3cm×0.1cm×0.1cm로 채 썬다.
5_ 복분자는 물 1/2컵을 넣고 10여 분간 끓여 체에 밭친다.
6_ 5의 물에 식초를 비롯한 나머지 양념을 섞어 양념장을 만든다.
7_ 준비한 재료를 모두 양념장으로 묻히고 접시에 담아 잣을 뿌린다.

배합분석

수삼은 성질이 따뜻하고 맛은 달고 약간 쓰며 비, 폐경으로 들어간다.
복분자는 신장(腎臟)의 기능을 보강시키면서 정(精)을 치밀하게 하는 작용이 있으며 양위, 소변빈삭(小便頻數), 신경쇠약으로 인한 불임(不姙)증 등에 효과를 볼 수 있다.

Tip

수삼이 많을 경우, 깨끗이 손질하여 하루 정도 꾸덕꾸덕 표면을 말려서 잘게 다져 꿀에 재어 놓았다가 우유나 따뜻한 물에 타서 먹으면 기력 보강에 좋다.

신양허증

당귀용안육대하장 (當歸龍眼肉大蝦醬)

신장의 양기가 부족하고 명문의 화가 쇠약할 때 보신(補腎)의 효능이 있다. 산후 모유가 잘 안 나올 때 좋으며, 어린이 홍역, 수두 초기에 먹이면 빨리 회복되거나 다른 합병증을 예방하는 효과가 있다. 노인들의 칼슘 부족으로 인한 관절 퇴화나 허리, 다리가 약해지는 것을 예방한다.

| 재료 |

- **식재료** : 새우 1kg
- **부재료** : 양파 50g, 대파 30g, 마늘 30g, 생강편 20g, 건고추 6g, 통후추 2g
- **양념간장** : 간장 2컵, 설탕 1/4컵, 청주 1/2컵, 물엿 2큰술, 물 4컵, 소금 약간
- **약선재료** : 당귀 10g, 용안육 10g, 대추 10g, 감초 6g

| 만드는 법 |

1_ 새우는 깨끗이 다듬어 소금물에 씻은 후 체에 밭쳐 물기를 제거한다.
2_ 각종 약선재료와 양념간장을 준비한다.
3_ 냄비에 물 3컵을 붓고 당귀, 용안육, 감초, 대추, 건고추, 통후추, 양파, 대파를 넣고 40분간 푹 끓인다.
4_ 3에 물 1컵을 더 넣고 마늘, 생강과 함께 양념간장을 넣어 10분간 더 끓인다.
5_ 4를 체에 거른 후 식힌다.
6_ 5의 양념 물을 1의 새우에 부어 냉장 보관한다.

| 배합분석 |

새우는 보신장양(補腎壯陽)의 효능을 발휘하는 주재료로 사용하였다.
당귀는 혈액을 보하는 작용을 한다.
용안육은 기력증진, 심신안정, 두뇌향상에 좋다.
감초는 비장을 튼튼하게 하고 기운이 나게 하며 폐를 윤택하게 하여 기침을 멈추게 하며 청열 해독 작용이 있고 여러 가지 약을 조화시켜 준다.
대추는 안색을 좋게 하고 속을 편하게 해준다. 배합하여 음식의 효능과 맛을 증진시킨다.

| Tip |

간은 너무 짜거나 달지 않게 하며, 하루가 지난 뒤 간장을 한 번 더 끓여 식힌 후 부어서 냉장 보관하면 더욱 오래 저장할 수 있다.

신기허증

구기자닭고기볶음(炒拘杞子鷄肉)

자보간신(滋補肝腎), 익정명목(益精明目), 보혈 작용이 있다. 간, 신장과 혈이 허하여 어지럽고 기운이 없을 때, 눈이 침침하고 야맹증, 백내장, 요통, 이명(耳鳴), 건망증 등에 효과가 있다.

재료

- 식재료 : 닭가슴살 250g(생강즙 1/8작은술, 소금 ⅓작은술, 후춧가루 약간)
- 부재료 : 양송이버섯 80g, 브로콜리 50g, 홍피망 50g, 노란 피망 50g, 양파 50g
- 닭고기양념 : 간장 3큰술, 설탕 2큰술, 마늘 2작은술, 파 1큰술, 참기름 1작은술, 깨소금 2작은술, 후춧가루 약간
- 약선재료 : 구기자 10g

만드는 법

1_ 물 1/2컵을 넣고 약선재료를 올려 20여 분 끓인 뒤 체에 거른다.
2_ 닭가슴살은 너붓너붓하게 저며 썰고 밑간을 한다.
3_ 손질한 닭살은 약물 3 큰술과 닭고기양념을 모두 혼합하여 재워 놓는다.
4_ 양송이버섯은 껍질을 벗긴 후 0.5cm 두께로 모양을 살려 편 썰기 한다.
5_ 브로콜리는 길이 3cm 크기로 썰어 파랗게 데친다.
6_ 피망과 양파는 사방 2cm로 썬다.
7_ 열이 오른 팬에 기름을 두르고 양송이, 양파, 피망, 브로콜리 등을 센 불에서 단시간에 볶아낸다.
8_ 양념한 닭을 볶다가 어느 정도 익으면 6의 채소를 함께 넣고 맛이 배도록 볶아 접시에 담는다.

배합분석

구기자의 성질은 평하고 맛은 달며 간(肝), 신(腎), 폐(肺)경으로 들어간다.
닭가슴살은 비위의 기운을 보충하여 오장으로 보내며 정력을 보강할 뿐 아니라, 간장의 활동과 시력을 좋게 하는 효능이 있다.

Tip

닭은 양념이 빨리 스며들기 때문에 오랜 시간 숙성시키지 않아도 된다.
볶음요리를 할 때는 센 불에서 단시간에 볶아야 색이 선명하며, 재료가 밝은색부터 어두운 색으로, 부드러운 맛에서 자극적인 맛의 순서로 볶아야 좋다.

신기허증

삼백초쇠고기샤브샤브 (三白草牛肉火鍋)

몸이 차면서 신장이 허약하고 정력이 부족하여 체력이 허약한 사람들에게 적합하다. 근골을 튼튼하게 하고 정혈을 보호하며 몸을 윤택하게 한다. 신장의 허약으로 인한 요통, 빈혈, 발육 부족에 효과가 있으며 비위를 튼튼하게 하는 효능도 있다.

재료

- **식재료** : 쇠고기 400g, 떡 200g
- **부재료** : 미나리 100g, 느타리버섯 100g, 무 100g, 당근 100g, 양파 100g, 셀러리 100g, 함초가루 30g
- **참깨 양념장** : 참깨 1큰술, 진간장 1큰술, 약물 2큰술
- **간장 양념장** : 간장 1큰술, 약물 1큰술, 배즙 2큰술
- **약선재료** : 삼백초 10g, 산사 5g

만드는 법

1_ 소고기는 얇게 썰어 준비한다.
2_ 각종 채소는 깨끗하게 씻어서 3cm 크기로 준비한다.
3_ 산사는 씨를 제거하고 20분간 끓이다가 불을 끄고 삼백초를 넣고 약물을 우려낸다.
4_ 육수가 끓으면 무를 먼저 넣고 두꺼운 야채부터 골고루 넣은 다음 끓이면서 고기를 젓가락으로 흔들어 익으면 양념장에 찍어 먹는다.
5_ 남은 국물에 떡을 넣어서 끓여 먹는다.
6_ 함초가루를 넣어 간을 조절한다.

배합분석

삼백초는 동맥경화, 풍독, 이뇨, 고혈압, 습열, 해독, 부종, 각기, 황달, 대하 등에 좋은 식품이다.
쇠고기는 성질이 따뜻하고 맛은 달며 비, 위경으로 들어간다. 보비위(補脾胃), 익기혈(益氣血), 강근골(强筋骨), 허약체질, 영양불량, 신장기허로 인한 요통, 성장발육기의 어린이에게 좋은 식품이다.
느타리버섯은 풍산한(風散寒), 서근활락(舒筋活絡)의 효능이 있어서 배합하였다.

신정부족

홍합미역국 (淡菜海帶湯)

신정이 부족하면 정혈 부족으로 인해 노화가 빨리 오고 체력이 허약하며 허리가 아프고 이명(耳鳴)현상이나 어지럼증이 자주 나타난다. 특히 잔뇨감, 야간빈뇨가 있는 사람에게 효과가 있으며 부인들의 하혈, 냉대하에 효과가 있다. 어린이 성장 발육에 도움이 되는 약선이다.

| 재료 |

- **식재료** : 건미역 20g
- **부재료** : 피홍합 300g
- **미역양념** : 참기름 1큰술, 국간장 1큰술
- **피홍합양념** : 마늘 10g, 물 4컵, 국간장 1작은술, 소금 1작은술, 후춧가루 약간
- **약선재료** : 황기 10g

| 만드는 법 |

1_ 황기는 물 1컵을 넣고 끓여 체에 걸러 놓는다.
2_ 미역을 물에 담가 부드럽게 불린 후 주물러 씻어 물기를 짜고 먹기 좋은 크기로 썰어서 양념한다.
3_ 홍합은 솔로 문질러 씻어 말끔히 닦아낸 후 연한 소금물에 담가 해감을 한다.
4_ 손질한 홍합을 끓여 입이 벌어지면 건져내서 살만 떼어놓고 국물은 겹체에 밭친다.
5_ 열이 오른 냄비에 참기름을 두르고 양념한 미역을 넣고 볶다가 홍합 국물 3컵과 약물을 부어 맛이 충분히 우러날 때까지 끓여 간을 맞춘다.
6_ 미역국에 손질한 홍합 살을 넣고 잠깐 더 끓인 다음 그릇에 담아낸다.

| 배합분석 |

황기는 성질이 평하고 맛은 달며 비, 폐경으로 들어간다.
효능은 보기고표(補氣固表), 이뇨, 항독 등이다.
미역은 허열을 내리고 뭉친 것을 풀어주는 효능이 있으며 소변과 대변을 잘 통하게 한다.
홍합은 간신을 보하고 정혈을 보충하며 지혈 작용과 양기를 강하게 하는 효과가 있다.

| *Tip* |

홍합의 겉껍질을 솔로 닦아내어 끓인 후 건져내고 겹체에 밭쳐서 사용해야 국물이 맑으며 이 육수는 천연양념의 역할을 하므로 구수한 맛이 난다.

신정부족

하수오흑지마죽(何首烏黑芝痲粥)

선천적으로 허약한 체질로 특히 간과 신장이 허약하여 머리가 일찍 희어지면서 조로현상이 있는 사람들에게 좋다. 노년기에 허리, 다리가 시리고 아프며 이명현상이 나타나거나 밤에 소변을 자주 보고 눈이 침침한 사람들에게 좋다. 또한 건망증이 심해지는 사람, 요통, 불임, 유정 등이 있는 사람들에게 좋은 약선이다.

재료

- **식재료** : 멥쌀 150g, 찹쌀 50g, 흑지마 30g, 율무 10g, 검은콩 10g
- **부재료** : 간장게장 1큰술, 물 2L
- **약선재료** : 하수오 10g, 구기자 5g

만드는 법

1_ 하수오, 구기자는 씻어 물에 넣고 20분간 불린 후 20분간 끓여 걸러서 약물만 남긴다.
2_ 흑지마, 멥쌀, 찹쌀을 불린 다음 믹서기에 갈아 놓는다.
3_ 율무, 검은콩은 씻어서 20분간 삶아서 믹서기에 갈아 놓는다.
4_ 약물에 갈아 놓은 흑지마, 멥쌀, 찹쌀을 넣고 센 불에서 5분간 끓인 후 익혀 갈아 놓은 율무, 검은콩을 넣고 중불에서 5분간 퍼질 때까지 한쪽 방향으로 계속 저어준다.
5_ 마지막에 약한 불로 10분간 끓인 후 10분간 뜸을 들이고 간장게장과 같이 먹는다.

배합분석

찹쌀은 중초를 보하고 기운은 만들며 비위를 튼튼하게 하고 체질이 허약한 사람들에게 좋은 식품이다.
검정깨는 정혈을 보하고 노화를 예방하며 변을 잘 통하게 하는 효능이 있다.
율무는 비장을 튼튼하게 하고 습을 제거하며 소변을 잘 통하게 하는 효능이 있다.
검은콩, 하수오, 구기자는 모두 간신을 보하고 노화를 예방하며 정혈을 보하는 효능이 있어서 배합하였다.

신기음허증

하수오해삼송이볶음(炒何首烏海蔘松栮)

신장(腎臟)을 튼튼하게 하고 정혈(精血)을 보하며 자음, 양혈작용(養血作用)이 있어 영양 부족이나 기혈(氣血) 부족인 사람들에게 효과가 있다. 세포 재생능력이 뛰어나 수술 후 환자들에게 적합하며 각종 염증에 도움이 된다. 또한 각종 생활 습관병에 효과가 있으며 노화예방에 적합한 약선이다.

재료

- 식재료 : 해삼 200g, 송이 100g
- 부재료 : 청경채 20g, 대파 10g, 마늘 10g, 생강 5g, 생수 1컵, 콩기름 2큰술, 감자전분 2큰술, 간장 1작은술, 청주 1큰술, 참기름 약간
- 약선재료 : 하수오 10g

만드는 법

1_ 하수오에 생수 1컵을 넣어 반으로 졸 때까지 약불에 끓여 식힌 후 체에 밭쳐 준비해 둔다.
2_ 해삼, 청경채는 4-5cm 길이로 썰고 송이, 대파, 생강, 마늘은 편으로 썬다.
3_ 끓는 물에 해삼, 송이, 청경채를 데친다.
4_ 팬에 콩기름을 두르고 대파, 생강, 마늘을 넣고 5초 정도 볶다 간장, 청주를 넣고 3을 넣어 볶는다.
5_ 4에 1을 넣고 저어가며 볶은 다음 전분을 풀어 걸쭉하게 만들고 마지막에 참기름을 넣고 섞어 접시에 담는다.

배합분석

해삼은 성질이 약간 따뜻하고 맛은 짜며 신장(腎臟)경으로 들어간다.
신장을 보하고 정혈을 만들어주며 태아를 안정시키고 노화를 예방하는 효과가 있다.
송이는 위(胃)를 편하게 하며 혈지방을 낮추고 면역력을 향상시키는 효능이 있다.
하수오는 간장(肝臟)과 신장(腎臟)을 보하며 정혈을 돕는다.
청경채는 대변을 잘 통하게 하고 혈지방을 내리며 해삼, 버섯에 없는 영양소를 공급한다.

Tip

송이는 따로 구분해 볶으면 송이의 향을 더욱 살릴 수 있다.

신정부족증

불도장 (佛跳墻)

인체의 음허기혈(陰陽氣血)을 보하는 약선으로 오장(五臟)을 모두 보하는 효능이 있다. 선천적으로 허약한 체질이나 심한 체력 소모로 약해진 체력을 보하는 효과가 있으며 질병을 오래 앓아 허약해진 사람이나 수술 후 회복기 환자들에게도 좋은 약선이다.

재료

- **식재료** : 오골계 100g, 해삼 50g, 도가니 50g, 전복 40g, 돼지목살 20g
- **부재료** : 닭가슴살 80g, 송이버섯 10g, 건관자 10g, 배추 10g, 대파 10g, 생강 10g, 청주 1큰술, 간장 1작은술, 소금 1/3작은술, 생수 1L
- **약선재료** : 인삼 10g, 구기자 5g, 대추 5g, 동충하초 5g, 녹각 5g, 은행 5g

만드는 법

1_ 닭가슴살에 물 1L와 대파, 생강을 넣고 중, 약 불로 끓여 맑은 국물을 우려 체에 밭쳐 둔다.

2_ 해삼, 송이버섯, 배추, 대추는 씨를 뺀 후 저며 썰고, 도가니는 겉에 붙은 기름기를 제거해 4cm로 썰어 둔다. 오골계, 목살은 깍둑썰기로 썰고, 전복은 먹기 좋게 편으로 썬다.

3_ 끓는 물에 2의 모든 재료를 삶아서 익힌 다음 약재료와 내열 용기에 건관자, 대파, 생강을 넣는다.

4_ 육수에 간장, 소금, 청주를 넣어 간을 한 후 3 위에 붓는다.

5_ 4의 용기를 찜기에 넣고 약 2시간 정도 찐 후 대파, 생강을 뺀 뒤 완성한다.

배합분석

불도장은 해산물, 육류, 가금류를 엄선한 약선이다.

전복과 해삼은 신장의 정기를 보하고 양혈(凉血) 작용이 있으며 육류로는 닭고기와 돼지고기를 배합하여 기혈(氣血)을 보하는 작용을 한다.

송이는 면역력을 강화시키고 항암(抗癌) 작용을 하며 각종 채소는 육류와 해산물에 부족한 영양소와 효능을 보충한다.

신기음허증

십전대보돈등심밤조림(十全大補炖豬肉栗子)

기혈쌍보(氣血雙補)라 하여 기와 혈을 동시에 보하며 몸이 지나치게 마르고 허약한 것을 보한다.

| 재료 |

- **식재료** : 돼지고기(등심) 200g, 깐 밤 250g, 호두 30g
- **부재료** : 당근 60g, 생표고버섯 20g, 죽순 20g, 다시마 1장(사방 5cm), 꼬치
- **양념장** : 간장 1큰술, 설탕 1/2큰술, 대파 2작은술, 마늘 1작은술, 참기름 1작은술, 깨소금 1작은술, 후춧가루 약간
- **찜양념** : 진간장 1컵, 설탕 1큰술, 다진 파 1큰술, 다진 마늘 1큰술, 참기름 1큰술, 물엿 1/2컵, 배즙 12컵, 후춧가루 약간(600g 5근 기준)
- **약선재료** : 숙지황, 당귀, 백작약, 천궁, 인삼, 백출, 감초, 백복령, 황기, 육계 각 5g

| 만드는 법 |

1_ 깐 밤은 설탕 1/2작은술, 물 2컵을 넣고 적당히 삶는다.
2_ 돼지고기 2mm에 지름 10cm로 포를 떠서 삶은 밤을 돌돌 만 후 꼬치를 꽂아준다.
3_ 호두는 속껍질을 제거하고, 당근과 표고, 죽순을 편으로 썰어둔다.
4_ 깨소금과 물엿을 빼고 찜양념을 한다.
5_ 프라이팬에 양념을 넣고 준비한 고기를 넣고 부재료와 같이 굴리면서 익힌다.
어느 정도 익으면 물엿과 깨소금을 넣고 윤이 나게 조린다.
6_ 완성된 접시에 담고 고명으로 부재료를 올린다.

| 배합분석 |

사군자탕은 원기를 돋우고 비, 위장 및 소화기의 기능을 튼튼히 한다.
사물탕은 음액과 혈액을 보하여 기혈을 잘 돌게 하는 작용을 한다.
당귀는 피를 만드는 조혈작용이 있다.
천궁은 피의 흐름을 도와준다.
백작약은 피를 맑게 해준다.
인삼과 백출은 기운을 돋우며 소화기능을 보강한다.
돼지고기는 혈을 보하며, 허약한 체질에 좋다.
밤은 율자(栗子)라 부르며 성질은 따뜻하고 맛은 짜며 독이 없다. 《동의보감》에 "밤은 기운을 돋우고 위장을 강하게 하며 정력을 보하고 식량이 된다."고 하였다.

방광습열

차전콩나물국(車前豆苗湯)

하초에 습열이 쌓여 소변이 급하고 소변을 자주 보며 아랫배가 더부룩하고 배변 시 통증, 몸이 자주 붓는 사람에게 효과, 신우신염, 신장염, 요도염, 방광염 등에 좋은 약선이다.

재료

- **식재료** : 콩나물 250g, 대파 5g, 홍고추 5g, 소금 약간
- **약선재료** : 옥수수 수염 20g, 건차전초 10g

만드는 법

1_ 옥수수 수염과 차전초, 콩나물을 깨끗하게 씻어 준비한다.
2_ 대파와 홍고추는 잘게 썰어 준비한다.
3_ 먼저 물에 콩나물을 넣고 삶아서 익으면 건져 놓는다.
4_ 콩나물 끓인 물에 차전초와 옥수수 수염을 넣고 끓인다.
5_ 끓으면 건더기를 건져내고 그 물에 콩나물과 홍고추, 대파를 넣고 조미하여 완성한다.

배합분석

콩나물은 습열을 내리고 이뇨작용이 있다.
차전초는 열을 내리고 이뇨작용이 있다.
옥수수 수염은 습을 제거하고 이뇨작용을 한다.
이 세 가지가 함께 작용하여 청열해독(淸熱解毒), 이습소종(利濕消腫)의 효능을 강하게 하며, 급성 비뇨기감염이나 수종에도 효과가 있다.

병명별 약선

Ⅲ 병명별 약선

제1절 고혈압

1. 고혈압의 병인 병기

고혈압은 동맥의 압력이 높아지는 것이며 이로 인해 혈관, 심장, 뇌, 신장 등의 장기 기관이 손상되는 전신성 질병이다. 병의 기간이 길고 합병증이 많다.

1) 증상

어지러움, 이명, 심황, 가슴의 답답함 등이 주요 증상이다.

2) 치료 방법

정상 체중 유지, 나트륨 섭취를 제한한다.
장기적으로 혈압약을 복용하게 되면 두통, 성기능 감퇴, 기침 등이 나타날 수 있다.

3) 약선

혈압을 내리고 부작용을 감소시키는 것을 목적으로 한다.

고혈압을 예방하고 동맥경화를 개선시키고 고혈압으로 인한 다른 장기나 기관의 손상을 막는 것이다.

4) 동양의학

두통, 현훈, 중풍 등이 이 범위에 속한다.

2. 병인 병기

1) 정서적 인소

장기적인 스트레스, 근심, 걱정, 생각이 많거나 화를 자주 냄으로써 간장의 소설 기능이 정상적으로 일어나지 못하여 기가 울결되거나 화로 변하여 발생한다.

간에 화가 쌓여 간음을 소모시켜 간음이 부족하게 되면 간양을 수렴하지 못하여 간양상항(肝陽上亢)이 발생한다. 가슴이 답답하고 초조하며 한숨을 자주 쉬고 옆구리가 장만한 증상이 나타난다. 현훈과 두통이 일어나고, 입이 마르고 쓰며, 허리가 시고 아픈 증상이 나타난다.

2) 음식 인소

술, 기름지고 단 음식을 많이 먹어 비위가 손상되거나 또는 기운이 약해져 중초가 허약해지고 비장의 운화 기능이 실조되어 발생한다.

이로 인해 습이 모여 담이 형성되고 담탁(淡濁)이 경맥을 막아 청규를 문란 시켜 청양은 위로 올라가지 못하고 탁음은 아래로 내려가지 못하게 된다.

현훈, 두통, 불면증, 소매(少寐) 등의 증상이 나타난다.

3) 내상허순

나이가 들면서 체력이 쇠약해지면 신장의 정(精)이 부족하게 되어 발생한다.

체력이 쇠약해져 간을 보양하지 못하면 간음이 부족하게 되고 간의 양기가 편

왕하여 간화동풍 혹은 간양상항, 간화상염이 발생한다.

이것이 오래되면 진액이 상하고 간혈이 부족하게 된다.

간은 혈액을 저장하고 신장은 정을 저장하는데 간에 혈이 부족하면 신장의 정도 부족하게 되어 간과 신장 모두 음이 허약하게 된다.

진액이 부족해지고 음혈이 고갈되어 청규를 보양하지 못해 두통, 현훈이 일어나고, 간신음허로 인해 허리가 시고 다리에 힘이 없으며 하지가 찬 증상이 나타난다.

3. 병기의 특징

본병의 기본 병기는 기혈음양실조가 원인이며 풍, 화, 담, 어혈 등으로 나타난다.

임상에서 허실이 함께 나타나며 병의 위치는 간과 신장이다.

*초기는 간양상항, 기체, 혈어 등 표실(表實)이 위주가 된다.

*중기는 기허음허로 인해 양항(陽亢), 담탁(淡濁), 혈어(血瘀)가 나타난다.

*말기는 본허(本虛) 위주로 어체(瘀滯)가 중하다.

4. 진단

1) 양성 고혈압

초기에는 별 증상이 나타나지 않고 혈압만 올라간다.

고혈압의 증상인 두통, 어지럼증, 불면증, 가슴이 두근거림, 숨이 차는 증상이 가끔 나타나고 피곤하거나 흥분하면 증상이 심해진다. 그러나 혈압의 고도와 증상이 일치하는 것은 아니다.

병이 진행되면서 혈압이 점차 높아지고 장기간 지속되면 장기 손상이 발생한다.

양성 고혈압의 증상을 4가지로 구분하면 다음과 같다.

(1) 머리

두통, 어지럼증이 가장 많고 후두부가 시고 아프거나 시력이 모호하고 머리가 무거운 느낌이 든다. 아침에 일어나면서 머리가 아프고 활동하면서 소실된다.

(2) 심장

초기 증상은 명확히 나타나지 않지만 피로하거나 포식하거나 말을 많이 하게 되면 천식, 심계, 기침이 나타난다. 이후에는 가끔씩 발작이 일어나며 주로 밤에 발생하는데 가래에 피가 섞여 나오기도 하고 심하면 수종이 나타나기도 한다.

수년이 지나면 우심 쇠갈이 되고 소변이 적게 나오며 수종이 나타난다.

고혈압이 오래 지속되면 심장의 좌심실이 큰 부담이 되어 두꺼워진다.

고혈압이 심해지면 심장이 확장되어 고혈압성 심장병이 된다.

(3) 신장

고혈압이 오래되면 신장의 소동맥이 경화되고 신장 기능이 약화되는데 약화되는 정도는 일정하지 않다. 하지만 고혈압이 심한 사람은 사구체여과율이 떨어져 신병변이 가중되면 야뇨, 다뇨, 요색청담, 단백뇨 등이 나타나며 최후에는 요독증이 나타난다.

(4) 안저

고혈압의 진행에 따라 그에 상응하는 안저 병변이 나타난다.

처음에는 시망막 동맥 경련이나 가벼운 협착 또는 동맥경화가 나타날 수 있고, 혈관 경련, 출혈, 시신경유두수종이 나타나기도 한다.

2) 악성 고혈압

고혈압 초기에는 양성 고혈압 증상과 비슷하나 점차 그 증상이 심해지고 병이 급하게 진행된다.

혈압이 현저히 높아져 서장압(이완)이 130-140을 유지하거나 그보다 높아진다.

수개월이나 1, 2년 내에 뇌, 심장, 신장, 안저 등이 손상되고 시력 감퇴, 안저출혈, 시신경유두수종 등이 심해져 심력 쇠갈, 뇌혈관 질환 등이 나타나며 최후에는 요독증으로 사망하게 된다.

5. 변증시선

1) 간양상항(肝陽上亢)

(1) 증상

어지럼증, 두통, 이명이 나타난다.

쉽게 화가 나며 입이 마르고 갈증이 나며 가슴이 답답하고 잠이 오지 않는다.

얼굴이 붉고 눈이 자주 충혈되며 변비가 나타나기도 하고 소변이 노랗게 나온다.

(2) 치료 원칙

간 기운을 안정시키고 양기를 가라앉게 한다.

(3) 약선 식품

천마, 미나리, 결명자, 하고초, 치자, 국화, 셀러리, 숙주나물, 동과, 오이, 올갱이, 바지락, 꽃게 등을 사용한다.

(4) 약선

하고초간장게장, 올갱이국, 국화차, 셀러리백합볶음, 하고초돼지살코기보쌈, 결명자죽 등이 있다.

2) 기체혈어(氣滯血瘀)

(1) 증상

머리가 어지럽거나 통증이 있고 흉협부에 창통이 있으며 건망증, 불면증, 가슴이 두근거리는 증상을 동반하기도 한다.

얼굴 혹은 입술이 자색으로 나타난다.

혀에 어반이 나타나며 설태는 백색 또는 약간 황색이다.

(2) 치료 원칙

기운을 조절하고 혈액순환을 잘 되게 한다.

(3) 약선

하엽울금죽, 산사카레라이스 등이 있다.

3) 담탁중조(痰濁中阻)

(1) 증상

어지럽고 두통이 있거나 두건을 쓰는 듯이 머리가 무겁고 권태감이 있다.
가슴이 답답하고 가래가 많이 나오고 식사량이 적으면서 잠이 많다.
혀는 두껍고 설질은 담백하다.
설태는 백색 또는 황색이면서 두껍고 지저분하다.
맥은 빠르다.

(2) 치료 원칙

습과 담을 제거하고 비위를 튼튼하게 한다.

(3) 약선 식품

붕어, 잉어, 동과, 팥, 녹두, 콩나물, 숙주나물, 여주, 율무, 백편두,
방아잎, 후박, 백출을 사용한다.

(4) 약선

산사하엽율무탕, 과루사백천마죽 등이 있다.

4) 간신음허(肝腎陰虛)

(1) 증상

어지럽고 두통이 있으며 이명과 눈이 침침한 현상이 나타나고 오심번열이 난다.
허리가 아프고 다리에 힘이 없으며 사지가 불편한 증상이 나타난다.
혀는 붉고 설태는 적다.

(2) 치료 원칙

간과 신장을 자양하고 음을 키워 풍을 잠재운다.

(3) 약선 식품

가시오가피, 구기자, 황정, 용안육, 하수오, 감실, 아교, 숙지황, 상심자, 흑임자, 거북이, 자라 등을 사용한다.

(4) 약선

구기자호두탕, 황정숙지사골탕 등이 있다.

5) 음양양허(陰陽兩虛)

(1) 증상

머리가 어지럽고 눈이 침침하며 이명, 허리와 다리의 무력감이 나타난다.

숨이 차고 가슴이 두근거리며 사지가 마비되는 느낌이 들고 복통설사를 자주하며 양위조설이 나타난다.

혀는 담홍색이고 설태는 없다.

(2) 치료 원칙

음양을 모두 보한다.

(3) 약선 식품

간신음허에 좋은 식품, 기, 혈, 음, 양을 보하는 식품을 적절하게 배합하여 사용한다.

(4) 약선

십전대보탕, 팔진탕, 녹용자라탕, 오골계탕, 천마황정저뇌갱 등이 있다.

고혈압

하고초토끼고기탕(夏枯草兎肉湯)

간양상항으로 인한 고혈압, 두통, 어지럼증에 효과가 있다. 중풍 전조증에도 많은 도움이 되며 간열을 내리고 열독을 풀어주는 효능이 있다. 그리고 기혈 부족이나 철 결핍성 빈혈에 도움이 되며 그 밖에 동맥경화, 당뇨, 간질환에도 좋은 약선이다.

재료

- **식재료** : 토끼고기 1kg
- **부재료** : 무 500g, 양파 200g, 당근 200g, 미나리 100g, 팽이버섯 80g, 표고버섯 60g, 대파 50g, 느타리버섯 40g, 홍고추 30g, 청고추 30g, 깻잎 15g
- **양념장** : 된장 2큰술, 들깨가루 3큰술, 간장 1큰술, 다진 마늘 1/2작은술, 다진 생강 1/4작은술, 청주 1큰술, 후추 · 소금 약간씩
- **약선재료** : 천마 30g, 하고초 10g

만드는 법

1_ 토끼고기는 먹기 좋은 크기로 토막내어 양념장에 재워둔다.
2_ 무는 토막으로 크게 자르고 양파와 당근은 큼직하게 토막을 낸다.
3_ 버섯, 미나리, 고추, 대파도 깨끗하게 정리하여 큼직하게 자른다.
4_ 하고초는 깨끗이 씻어 천으로 만든 주머니에 담아 놓는다.
5_ 냄비에 무를 깔고 양념한 고기와 하고초를 넣은 후 육수를 붓는다.
6_ 불에 올려 보글보글 끓으면 단단한 순서대로 나머지 재료를 넣고 한소끔 끓인다.

배합분석

토끼고기는 성질이 차고 맛은 달며 간, 대장경에 들어간다. 보중익기 작용이 있고 혈액의 열독을 풀어주는 작용이 있으며 영양 불량이나 기혈 부족 또는 철 결핍성 빈혈이 있는 사람에게 좋고 고혈압이나 동맥경화, 비만, 당뇨, 간질환에 적합하다.
하고초는 성질이 차고 맵고 쓰며 간열을 내리고 뭉친 것을 풀어주며 혈압을 내리는 작용이 강하다. 이 두 가지가 배합되어 간열과 혈압을 내리는 효능이 좋아진다.
천마는 간 기운을 편안하게 하고 풍을 잠재우며 어지럼증을 가라앉게 하는 효능이 있다.
그 밖에 사용되는 야채는 혈압을 내리는 작용을 돕고 혈 지방을 낮추는 작용을 한다.
들깨가루와 고춧가루 등은 소화를 돕는다.

간열로 인한 고혈압

결명자죽 (決明子粥)

간열로 인해 눈이 자주 충혈되고 화가 나며 스트레스를 많이 받는 사람들에게 적합한 약선으로, 고혈압이 있으며 두통이나 어지러움증을 동반하는 사람들에게 좋다. 또한 고지혈증이나 습관성 변비가 있는 사람들에게도 도움이 된다.

재료

- **식재료** : 쌀 100g
- **부재료** : 양파 20g, 셀러리 10g, 마늘 10g, 당근 10g, 육수 1L, 참기름 약간
- **약선재료** : 결명자 5g, 국화 5g

만드는 법

1_ 결명자를 볶은 후 국화와 함께 깨끗이 씻어 물에 끓여 약물을 만든다.
2_ 쌀은 씻어 물에 불려 놓는다.
3_ 양파와 셀러리, 마늘, 당근은 잘게 썰어 준비한다.
4_ 냄비에 참기름을 두른 후 양파, 마늘, 당근, 셀러리를 순서대로 넣어 볶는다.
5_ 4에 쌀을 넣어 투명해질 때까지 볶다가 육수와 약물을 붓고 죽을 끓인다.

배합분석

결명자는 국화와 같이 청간명목(淸肝明目) 작용이 뛰어난 식물이다.
쌀은 진액을 만들고 위를 편하게 하며 윤조화중(潤燥和中) 작용이 있다.
셀러리는 간의 기운을 안정시키고 열을 내리며 풍을 제거한다.
양파는 위를 튼튼하게 하고 기운을 조절하며 혈압을 낮추는 작용이 있다.
이 모든 재료가 배합되어 소풍청간(疏風淸肝), 자음식풍(滋陰熄風)의 효능이 있어 간양상항으로 인한 고혈압에 효과가 있다.

제2절 고지혈증

고지혈증이란 혈액 중에 지질 함량이 정상보다 높은 증상을 말하는데, 예를 들면 콜레스테롤이나 중성지방 함량이 높은 것으로 생활 습관병을 일으키는 주범이다. 고지혈증으로 인하여 나타나는 질병으로는 협심증, 동맥경화, 당뇨병, 비만증, 담석증, 지방간, 췌장염, 신장병 등이 있다.

1. 병인 병기

1) 식생활 요인

불규칙한 식습관, 과식, 과음, 고당질식, 고지방식 또는 단백질 섭취 부족으로 인한 지질대사 이상에 의하여 인체의 혈관에 지방이 쌓여 일어난다.

2) 운동 부족

운동이나 생활 활동을 하지 않아 기운이 잘 돌지 않고 기가 울결되어 지방을 태워 사용하는 비율이 낮아 체내에 침적되고 혈관에 쌓여 나타난다.

3) 스트레스

스트레스를 받으면 간기가 울결되고 고민을 많이 하면 비장이 상하게 된다.

간기가 뭉치고 비장의 운화 기능이 약해져 지방을 활용하지 못하고 쌓여서 나타난다.

4) 노화

사람이 나이가 들면 오장육부의 기능이 쇠약해져 신진대사가 원활하게 이루어지지 않아 섭취한 영양 물질을 다 소모시키지 못해서 나타난다.

5) 선천적인 원인

부모가 모두 비만이면 유전적으로 지방을 태우는 기능이 약해 혈중에 지방이 쌓이게 된다.

2. 약선의 주의사항

1) 지방이 많은 음식은 피한다

포화지방산은 대부분 동물성 지방에 들어 있으며 양기름, 쇠기름, 돼지기름, 닭기름 등에 많다. 포화지방산은 혈중 콜레스테롤과 중성지방을 높이는 역할을 한다.

불포화지방산은 들기름, 콩기름, 참기름, 옥수수기름, 올리브유 등의 식물성기름에 많이 들어 있다.

불포화지방산은 콜레스테롤의 흡수를 억제시키는 작용을 하고 대변으로 배출시키며, 혈전 형성을 막고 혈관을 탄력 있게 해준다.

따라서 일상 생활에서 동물성 지방보다는 식물성 지방을 섭취해야 하며 중성지방이 높은 사람은 식물성 지방 섭취도 줄여야 한다.

2) 콜레스테롤이 높은 식품의 섭취를 줄인다

동물 내장, 육류, 난류, 유제품 등의 동물성 식품은 영양 가치는 높지만 콜레스테롤 함량도 높다. 그러나 살코기나 담수어, 탈지유에는 적게 들어 있다.

3) 단순당의 섭취를 줄인다

과당은 중성지방을 높이는 작용이 강하다. 일부분의 과일에 당이 많이 들어 있는데 예를 들면 감, 포도, 바나나 등이며 이런 과일의 섭취도 줄여야 한다.

4) 술과 담배를 끊는다

알코올은 혈중 콜레스테롤과 중성지방의 함량을 높인다.

술의 종류보다는 술의 양에 따라 결정되므로 음주량을 줄여야 한다.

담배도 혈중의 유리지방산을 증가시키고 동맥경화, 발암물질이 많기 때문에 피우지 말아야 한다.

5) 오곡과 채소 위주로 느끼하지 않고 담백한 것을 먹는다

잡곡, 채소에는 여러 가지 혈청 지방 함량을 낮추는 영양소들이 들어 있으므로 고지혈증 환자는 섬유소가 많은 잡곡밥에 채소 위주의 식단이 좋다.

6) 저녁식사는 적게 먹는다

7) 운동을 많이 한다

8) 규칙적인 식사를 하고 과식을 피한다

9) 인스턴트 식품 등의 간식을 먹지 않는다

3. 섭취하면 좋은 식품류

옥수수, 귀리, 단호박, 깨, 콩, 콩나물, 토끼고기, 저지방우유, 해삼, 조개, 미꾸라지, 바지락, 소라, 굴, 가물치, 고등, 생선류, 셀러리, 가지, 무, 양파, 아스파라거스, 마늘, 두부, 버섯, 죽순, 오이, 김, 미역, 다시마, 해파리, 목이버섯, 산사, 사과, 귤, 딸기, 국화, 녹차, 영지, 감식초, 하수오, 연잎, 결명자, 보리 등이 있다.

4. 섭취하지 말아야 할 식품

소 골수, 양간, 돼지 신장, 삼겹살, 돼지 기름, 각 동물들의 내장, 난류, 새우, 게, 장어, 술, 담배 등이 있다.

5. 권장할 만한 음식

1) 차

산사오매차, 하엽산사차, 결명자차, 옥수수 수염차, 국화차, 연잎차, 녹차, 보리차

2) 죽

국화죽, 연잎죽, 복령죽, 팥죽, 녹두죽, 하엽감실죽, 산사무귤피죽, 율무연근죽, 복령백합죽, 옥수수죽

3) 밥

잡곡밥, 보리밥, 하수오밥

4) 요리

붕어찜, 소고기무국, 죽순탕, 오이무침, 미나리초무침, 잉어매운탕

고지혈증

산약샐러드
(山藥沙拉)

폐, 비, 신장을 튼튼하게 하며 식욕을 돋우어주고 수액대사를 활발하게 하는 효능이 있다. 성인병인 삼고증(三高症)에 적합한 약선으로 지방섭취가 많은 현대인들에게 적합한 약선이다.

| 재료 |

- **식재료** : 토마토 200g, 배 150g
- **부재료** : 팽이버섯 50g, 무순 20g, 잣 1큰술, 청 · 홍 · 주황 파프리카 각 50g
- **양념재료** : 간장 4큰술, 2배식초 2큰술, 설탕 2큰술, 꿀 1큰술, 매실청 2큰술, 깨소금 3큰술, 후춧가루 약간, 송송 썬 실파 1/2컵, 청양고추 1큰술
- **약선재료** : 산약 400g

| 만드는 법 |

1_ 산약, 배, 파프리카, 토마토는 껍질을 벗겨 사방 1cm 두께와 5cm 길이로 썬다.
2_ 무순, 팽이버섯은 밑동을 자른다.
3_ 잣은 마른 팬에 노릇노릇하게 굽는다.
4_ 양념 재료에 약선재료 1/2C을 섞는다.
5_ 재료를 모두 혼합해서 골고루 버무린다.

| 배합분석 |

산약은 말려서 한약재료 사용하기도 한다. 어린이 두뇌 발달 촉진, 폐 · 기관지 강화, 고혈압, 당뇨병, 과도한 스트레스, 체력 저하, 전신 무력, 신경쇠약증, 자양강장에 효과가 있다.
토마토, 배 등은 찬 성질로 열을 식혀주는 재료들이다.

고지혈증

조개숙주나물탕 (蛤子綠豆芽湯)

열독을 빼고 숙취를 해소하며 소변을 잘 나오게 하여 열이 있는 수종, 습열이 많은 체질에 효과가 있다. 전립선비대증, 요도감염으로 소변이 붉게 나오거나 자주 나오고 급한 증상, 고지혈증, 고혈압, 당뇨, 황달 등에 적합한 약선이다.

재료

- 식재료 : 쌀가루 1컵, 바지락 150g, 숙주나물 200g, 대파 20g, 마늘 5g, 물 4컵
- 부재료 : 두부 100g, 불린 표고버섯 20g, 도라지 80g, 미나리 20g, 홍고추 5g, 참기름 1큰술, 들깨가루 2큰술, 소금 1작은술, 후춧가루 약간
- 약선재료 : 복령가루 20g

만드는 법

1_ 바지락은 해감하여 물 4컵, 대파, 마늘을 넣고 삶아 살을 발라내고 국물은 겹체에 밭친다.
2_ 숙주는 끓는 물에 데치고 두부는 4cm×0.5cm×0.5cm로 고르게 채 썰어 놓는다.
3_ 불린 표고버섯은 기둥을 따내어 채 썰고 도라지는 소금을 넣고 비벼 씻어 놓는다.
4_ 미나리는 손질하여 4cm로 썰고 홍고추도 손질하여 3cm 길이로 고르게 채 썬다.
5_ 조개국물 1컵에 쌀가루, 복령가루, 들깨가루를 풀어 놓는다.
6_ 냄비에 참기름을 두르고 손질한 버섯과 도라지를 볶다가 조개국물 3컵을 넣고 끓여 간을 맞춘다.
7_ 6에 숙주, 홍고추, 두부 등을 넣고 끓으면 쌀가루 국물을 넣어 엉기게 하고 마지막에 미나리를 넣고 잠깐 끓여 불을 끈다.

배합분석

조개와 숙주나물은 성질과 효능이 비슷하여 열을 내리고 수액대사를 활발하게 하며 해독 작용이 있다.
복령은 건비이습(健脾利濕) 작용이 있어 비장을 튼튼하게 하면서 습을 잘 통하게 한다.
길경은 폐의 기운을 잘 통하게 하여 수액대사를 돕고 쌀은 소화기를 보하여 주재료인 찬 성질을 완화시켜 소화흡수가 잘 되게 한다.

제3절 중풍

1) 중풍

갑자기 혼절하거나 인사불성이 되고 반신불수, 구안와사, 언어장애 등의 증상을 수반하는 병증이다.

병이 가벼울 때는 혼절, 반신불수, 구안와사 등의 증상은 나타나지 않을 수도 있다.

2) 현대의학

급성 뇌혈관 질환과 비슷하며 결혈성 중풍과 출혈성 중풍을 포함한다.

그 외에는 일시적으로 나타나는 뇌결혈성 발작, 국한성 뇌경색, 원발성 뇌출혈 등이 있다.

3) 뇌졸중

뇌혈관이 혈전으로 막혀 산소와 영양 공급을 받지 못하여 뇌세포가 죽어가는 뇌경색과 뇌혈관이 파열되어 혈액이 뇌를 손상시키는 뇌출혈로 구분된다.

회복 후에도 정신장애나 보행장애, 의식장애 등의 후유증이 남을 수 있으므로 전 단계 증상인 두통, 현기증, 구토 등의 증상이 반복되면 치료를 서둘러야 한다.

또한 뇌혈관이 막히지도 않고 파열되지도 않았는데 콜레스테롤이 끼어서 혈관이 좁아지거나 혈액이 탁해지면 영양공급이 나빠져 기억력이 점점 떨어지는데 이것이 오래가면 치매(망령)로 이어진다.

1. 병인 병기

1) 내상적손(內傷積損)

음혈부족체질이나 양성화왕체질은 양기가 항진되어 기혈이 쉽게 상역(上逆)되어 발병한다. 또한 나이가 들어 체력이 약해진 경우에도 쉽게 발병한다.

2) 과로

과도한 노동이나 무절제한 방사(房事)로 인해 기가 소진되고 음이 상하여 기혈이 상역하거나 신장의 수가 심장의 화를 제약하지 못해 양기가 항진되어 풍이 발생한다.

3) 섭생실조

기름지고 느끼한 음식이나 자극성이 강한 음식 또는 과음으로 비장의 문화 기능이 실조되어 습이 모여 담을 만들고 담이 열을 만들어 풍이 발생한다.

4) 스트레스

정신적인 스트레스로 인해 기운이 뭉치고 간기운이 울결되며 간양(肝陽)이 항진되거나 심화(心火)가 뭉쳐 발생한다.

5) 체력저하

기혈부족으로 맥락(脈絡)이 허약하여 풍사를 막지 못해서 발병한다.

2. 약선 응용

약선은 중풍의 발작기에 사용하는 것은 적절치 않고 전조증이나 후유증에 효과가 있다. 병의 진행기에는 현대의학의 치료가 적합하고 전조증이 있을 때 예방하기 위한 방법 또는 후유증을 치료하는 시기에 응용하는 것이 좋다.

3. 회복기 분형

1) 풍담어조(風痰瘀阻)

(1) 증상

구안와사, 언어장애, 반신불수, 사지마비 등의 증상이 남아 있다.

혀는 암자색을 띠고 설태는 끈적거리고 지저분하다.

(2) 치료 원칙

담과 어혈을 없애고 경락을 잘 통하게 한다.

(3) 약선 식품

천마, 진피, 지룡, 누에, 오공, 전갈, 뽕나무, 홍화, 도인, 패모, 죽여, 과루, 석결명, 하고초, 천화분, 조구등, 천문동 등 증상에 따라 가감한다.

(4) 약선

오공계탕, 지룡탕, 천마솔잎밥, 전갈튀김, 상지계탕, 포계탕 등이 있다.

2) 기허낙어(氣虛絡瘀)

(1) 증상

사지 한쪽이 마비되거나 무력하고 얼굴색이 누렇다.
혀는 자색이거나 어반(瘀斑)이 있다.
설태는 가늘고 백색이며 맥은 가늘고 삽맥이다.

(2) 치료 원칙

기혈을 보하고 어혈을 풀어주며 경락을 잘 통하게 한다.

(3) 약선 식품

황기, 홍삼, 도인, 홍화, 적작약, 당귀뿌리, 천궁, 구기자, 하수오, 두충, 상기생, 속단, 우슬 등 증상에 따라 가감한다.

(4) 약선

홍도스파게티, 황기계탕, 두충요화, 하수오홍화밥, 보양환오탕 등이 있다.

3) 간신휴허(肝腎虧虛)

(1) 증상

반신불수, 사지가 굳어지고 떨리며 변형이 된다.

혀가 굳어 언어장애가 나타난다.

혹은 근육이 수축되고 구안와사가 나타나기도 한다.

혀는 붉고 맥이 가늘게 나타나기도 하고 혀가 담홍색이 되는 경우도 있다.

맥이 깊고 가늘게 나타난다.

(2) 약선 식품

숙지황, 구기자, 하수오, 산수유, 맥문동, 석곡, 당귀, 두충, 상기생, 우슬, 육종용, 복령 등 증상에 따라 가감한다.

(3) 약선

육미환계탕, 하수오구기자밥, 팔진오골계탕, 패왕별희 등이 있다.

4. 치료 원칙

1) 약선 식품

숙지황, 구기자, 하수오, 산수유, 맥문동, 석곡, 당귀, 두충, 상기생, 우슬, 육종용, 복령 등 증상에 따라 가감한다.

2) 약선

육미환계탕, 하수오구기자밥, 팔진오골계탕, 패왕별희 등이 있다.

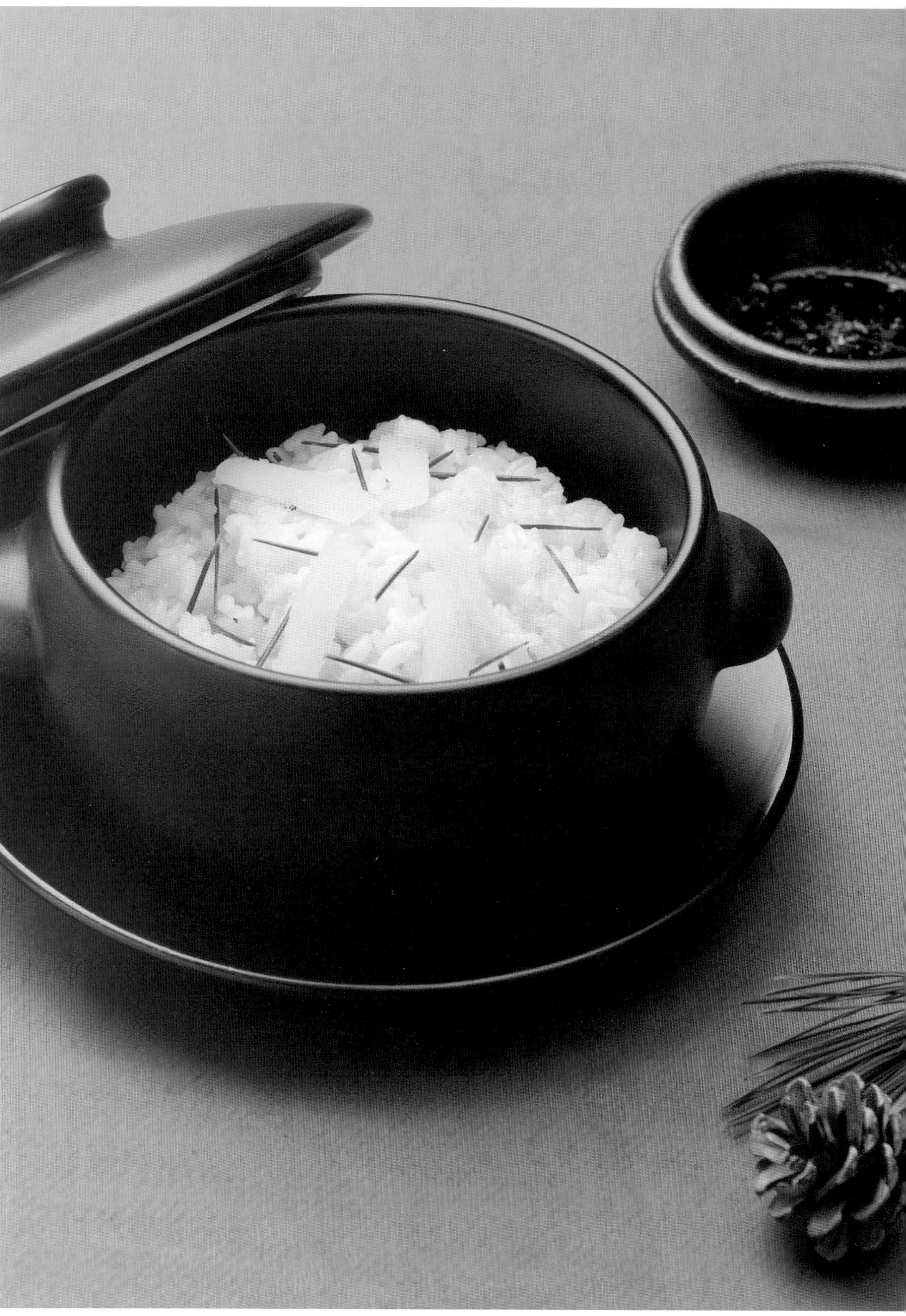

중풍

천마솔잎밥 (天麻松飯)

간 기운을 안정시키고 풍을 잠재워 경련을 멈추게 하는 효능이 있으며 중풍 전조증상이 있는 사람에게 적합한 약선이다. 간열이나 폐열을 내리고 기운을 안정시키는 효능이 있다. 스트레스로 인해 짜증이 많이 나는 사람이나 머리가 어지럽고 두통이 있거나 풍습성 관절염환자, 고혈압환자에게 적합하다.

재료

- **식재료** : 쌀 500g, 소금 1작은술, 물 3컵
- **양념장** : 국간장 1큰술, 진간장 2큰술, 올리고당 1작은술, 물 3큰술, 다진 파 1큰술, 깨 1작은술, 참기름 1작은술
- **약선재료** : 생천마 150g, 솔잎 20g

만드는 법

1_ 천마는 쌀뜨물에 데쳐 냄새를 제거하고 깨끗이 손질하여 어슷썰기 한다.
2_ 솔잎은 잎만 떼어 씻어 놓는다.
3_ 준비된 재료를 솥에 넣고 물을 부어 밥을 짓는다.
4_ 완성되면 밥을 위아래로 골고루 잘 섞어서 담아낸다.
양념장을 만들어 기호에 따라 곁들여 먹는다.

배합분석

천마는 '적전' '정풍초'라 불리며 중풍을 치료하는 한약재로서 하늘에서 떨어진 식물로 마비 증상을 고쳐준다고 해서 하늘 천(天)자를 붙였다고 한다. 천마는 간양(肝陽)을 안정시키며 풍 제거 효능, 중풍 예방에 좋은 식품이며 경락을 잘 통하게 한다.
솔잎은 풍을 제거하고 경락을 잘 통하게 하며 간을 보호하여 눈을 밝게 하는 효능이 있으므로 함께 배합하였다.
중풍 전조증상이 있는 사람이 상용하면 효과가 있고 구안와사에도 좋다.
풍습성 관절염에도 효과가 있다.

Tip

천마는 냄새가 강하므로 밥 지을 때 찌거나 쌀뜨물에 씻는다.

제4절 당뇨병

1) 당뇨

환경인소, 유전인소의 작용 아래 인슐린의 상대적 부족, 절대적 부족에 의하여 당지방, 단백질대사의 이상으로 일어난 만성 대사형 종생성(終生性) 질병이다.

2) 임상

혈당이 높고 다식(多食), 다음(多飮), 다뇨(多尿), 체중 감소, 힘이 없는 증상이 나타나며, 식생활의 변화로 더욱더 늘어나는 추세다.

당뇨병은 천천히 진행되며 혈당을 조절하지 못하면 합병증이 발생하게 된다.

3) 합병증

급성 합병증에는 케톤산증, 비케톤산증, 고삼투압성 혼미 등이 있다.

만성 합병증에는 당뇨신장병, 당뇨시망막병변, 당뇨주위신경병변 등이 있다.

4) 당뇨치료

약선식이 중요하다.

당뇨의 형태, 병의 경중 여부, 약의 복용 여부, 합병증 유무 등과 상관없이 식사요법은 가장 중요한 치료 수단이 된다.

5) 동양의학

소갈병(消渴病)에 해당하며 상소(上消), 중소(中消), 하소(下消)로 구분하여 변증한다.

1. 병인 병기

1) 유전적인 인소

선천적으로 유전인자를 가지고 태어난 것으로 음허 체질인 사람에게 쉽게 발병한다.

2) 음식

조절 못해 일어나는 병으로 기름지고 느끼한 성질의 음식을 장기적으로 섭취했을 때 나타난다. 또한 맵고 건조하며 자극성이 강한 음식을 오랫동안 섭취하여 비위가 손상되고 비위의 운화 기능 저하되어 몸에 열이 쌓여 건조해지면서 진액을 말려 소갈이 발생한다.

3) 화

자주 내어 간을 상하게 하여 간기가 울결되어 나타난다. 장기적인 스트레스로 인해 울결된 기가 화로 변해 화열이 안에 쌓여 비위의 진액을 말려 발생한다.

4) 신장의 정기를 고갈

허화(虛火)가 내생(內生)하여 불이 물을 말리는 원리로 신장이 허약해지고 폐가 건조해지며 위에 열이 생겨 발생한다.

2. 병기 특징

소갈병은 폐, 비, 신으로 구분하지만 서로 밀접한 관계로 상호 영향을 미친다.

예를 들면 폐가 건조하여 진액이 말라 진액을 뿌려주지 못하면 비위를 유양하지 못하고 신정을 자양하지 못한다.

비, 위에 조열(燥熱)이 성하면 위로는 폐 진액을 말리고 아래로 신음(腎陰)을 손상시킨다. 신음이 부족하면 허열이 발생하여 위로 폐와 비위의 진액을 건조하게 한다.

그러므로 결국은 폐조, 위열, 신허가 되어 음허가 본이 되고 조열이 표가 된다.

그러나 음양의 관계는 음양호근으로 음생양장하고 오래되면 음손급양(陰損及陽)되어 음양이 모두 허약하게 되고 또한 병이 오래되어 어혈이 낙맥(絡脈)을 막게 되면 여러 가지 합병증을 유발하게 된다.

당뇨병 진단

한의학적 임상표현

소갈병은 다음, 다뇨, 다식, 체중 감소, 소변에서 단내가 나는 특징이 있다.

① **다음(多飮)**

갈증이 나고 물을 많이 마시게 되며 상대적으로 소변을 많이 보게 된다.

② **다뇨(多尿)**

소변을 자주 보며 소변량이 증가하는 것을 말하고 다뇨(多尿)와 함께 다음(多飮)을 하게 된다.

③ **다식(多食)**

식사량이 많으나 쉽게 배가 고프고 기운이 없고 피로를 느낀다.
오래되면 살이 빠지고 마른 체격이 되고 합병증으로 발전한다.

3. 당뇨병으로 인해 나타나는 질병

1) 케톤산증

인슐린의 결핍 상태가 심하면 당분을 에너지원으로 사용할 수 없게 되므로 이미 몸 속에 저장된 지방질로부터 지방이 분해되면서 에너지원을 충당하게 된다.

이때 케톤체가 부산물로써 형성되며 이 케톤체의 체내 축적이 많아지면 체내의 액성이 산성으로 바뀌면서 소변량의 증가와 함께 호흡이 빨라지고 심박동이 빨라지며 혼수 또는 사망에 이르게 된다.

인슐린 의존성 당뇨병 환자에게서 주로 발생하는데 인슐린 비의존성 당뇨병 환자의 경우에도 심한 감염의 경우에 발생하게 된다.

인슐린을 중단하거나 감기, 몸살, 구토 또는 설사로 인한 수분 부족에 의해서도 생길 수 있고 폐렴이나 피부농양 등 급성 세균성 감염에 의해서도 발생할 수 있다.

2) 고삼투압성 혼수

인슐린이 분비되기는 하지만 제 역할을 하지 못하는 인슐린 비의존성 당뇨병 환자에게 주로 발생한다.

즉 인슐린의 결핍보다는 탈수증으로 인한 경우가 많다.

특히 나이가 많은 환자, 당뇨병의 병력, 경구용 혈당 강하제 투여, 소량의 인슐린 치료를 받는 가벼운 당뇨를 가진 경우, 뇌졸중, 신기능부전 등 동반 질환을 가진 경우에 더욱 주의해야 한다.

주증상은 소변량이 많아져 탈수 증상을 일으키는 것으로 심하면 사망에 이르게 된다.

충분한 수분과 전해질을 공급하는 동시에 유발 요인을 제거함으로써 치료할 수 있다.

3) 저혈당증

식사하기 한 시간 전쯤이나 새벽녘에 자주 나타나며 저혈당이 오면 초기 증세로 피부가 창백해지고 가슴이 두근거리고 손발이 저리며 식은땀이 나게 된다.

어지럼증이나 불안감, 안절부절, 신경질 또는 의식이 흐려지거나 심장이 두근거리고 입술과 혀의 감각이 이상해지거나 허기지는 것같이 비교적 가벼운 증상으로 끝날 수도 있지만 혼수에 빠지거나 뇌손상을 줄 수도 있고 때로는 죽음에 이르는 등 매우 위험할 수 있다. 때문에 당뇨병 환자나 주위 분들은 평소에 저혈당증에 대하여 잘 알고 있어야 하고 혹시 저혈당증이 나타나면 초기에 빨리 치료해야 한다.

4) 당뇨 합병증

고혈당 상태가 오래 지속되면 신경이 손상되고, 혈관벽이 약해지며, 혈액이 끈적끈적하고 탁해져서 혈액순환이 나빠진다.

또한 포도당이 이용되지 못하여 에너지 부족 현상으로 체력이 떨어지게 되고, 영양 공급의 불균형으로 인하여 각종 대사 장애를 일으키게 된다.

동맥경화, 심장병, 뇌졸중(중풍), 고혈압, 콩팥병, 췌장염, 성기능장애 등의 만성병도 모두 식원병(食源病)이다.

모든 식원병(食源病)은 당뇨 합병증이 될 수 있지만, 당뇨와는 무관하게 독자적으로 생길 수도 있다.

식원병(食源病)은 모두 췌장의 기능 저하가 원인이기 때문에 고혈압 환자는 고혈압만 치료해서는 안 되며 동맥경화나 심장병 치료가 동시에 이루어져야 한다.

당뇨병 환자도 혈당 강하제보다 췌장의 기능을 올려줄 수 있는 식사의 지도가 더욱 시급하다. 당뇨는 사망의 직접적인 원인이 되기보다 합병증에 의하여 사망하게 된다.

4. 약선

1) 선식의기(善食宜忌)

(1) 병의 경중, 합병증 유무와 상관없이 장기적으로 음식을 제한한다

식생활 중에서 음식이 너무 단조로우면 식욕이나 영양적인 면에 영향을 끼쳐 좋지 않다.

병의 상황에 따라 당뇨환자가 피해야 할 식품과 좋은 식품을 구별하여 식단을 다채롭게 만들어야 한다.

일반적으로 피해야 할 식품은 당류, 꿀, 과즙, 감자, 팝콘, 찹쌀, 인삼, 술, 단 맛 나는 빵이나 과자, 그리고 기름기가 많은 식품과 습을 돕고 열을 내는 식품이나 열이 있어 음을 상하게 하는 식품이다.

(2) 배고픔을 견딜 수 있는 식품을 첨가해서 먹는다

초기 당뇨병 환자는 식사량이 많은데 음식량을 제한해야 하므로 배고픔을 견딜 수 있는 식품을 섞어 먹어야 한다.

(3) 주의사항

① 당뇨병 초기에는 식사요법과 운동요법으로 치료가 가능하며 만성 당뇨병으로 진행되는 것을 막아야 한다. 만성 환자는 식사요법과 약물치료를 병행한다.

② 음식량을 제한하면 비위의 부담이 줄고 또한 비위 기능을 도와준다. 배가 자주 고픈 사람은 두류, 채소류, 단호박, 여주를 많이 먹으면 좋다.

③ 여러 가지 합병증이 오면 병증에 알맞은 약선식으로 바꿔야 한다.

2) 변증시선(辨證施膳)

(1) 폐열진상(肺熱津傷)

① 증상

갈증이 나며 물을 많이 마시고 입과 혀가 건조하고 소변을 자주 보고 양이 많다.

혀가 붉고 설태는 약간 노란색이며 맥은 홍수(洪數)맥이다.

② 치료 원칙

폐열을 내리고 윤택하게 하며 진액을 만들어 갈증을 멈추게 한다.

③ 약선

㉠ 지소갈속용음 – 생동과피 1kg, 수박피 1kg, 과루근 250g(《약선요법》)

㉡ 사삼옥죽죽 – 사삼 15g, 옥죽 15g, 쌀 100g, 빙탕 약간(《경험방》)

㉢ 동아죽 – 동아 500g, 쌀 100g, 소시지 60g, 대파 6g, 생강 6g, 참기름 9g, 소금 3g(《식료죽보》)

㉣ 천화분죽 – 천화분 30g, 쌀 100g(《경험방》)

㉤ 돼지고기옥수수수염탕 – 돼지고기 100g, 옥수수 수염 90g, 천화분 30g(《민간식보》)

(2) 위열치성(胃熱熾盛)

① 증상

식사량이 많고 빨리 배가 고프며 체구는 마르고 대변이 건조하다.
설태는 노랗고 맥은 활실 유력맥이다.

② 치료 원칙

위장의 열과 화를 내리고 음을 보하며 진액을 만든다.

③ 약선

㉠ 갈근죽 – 갈근 30g, 쌀 100g(《중의변증치료학》)

㉡ 옥죽죽 – 옥죽 20g, 쌀 100g, 빙탕 약간(《중의변증치료학》)

㉢ 율무마늘가지무침 – 율무 20g, 마늘 15g, 가지 200g, 식초 3g, 간장 10g, 파 8g, 참기름 10g(《약선식료대전》)

㉣ 단호박소고기탕 – 남과 200g, 소고기 100g, 산약 10g, 대파 10g, 생강 5g, 청주 15g, 소금 3g(《경험방》)

㉤ 시금치죽 - 시금치 250g, 계내금 15g, 쌀 100g(《민간식보》)

(3) 기음양허(氣陰兩虛)

① 증상

목이 마르고 물을 많이 먹으며 권태감이 들고 말을 하기 싫어한다.

잠이 오지 않고 꿈이 많다. 오심번열이 있다.

설질이 붉고 설태가 적으며 맥이 가늘고 빠르다.

② 치료 원칙

비장을 튼튼하게 하고 기운을 만들며 음을 보하고 신장을 강하게 한다.

③ 약선

㉠ 산약돼지췌장탕 - 돼지췌장 1구, 산약 200g, 소금 적당량(《중의변증치료학》)

㉡ 은행해삼계탕 - 닭 200g, 은행 50g, 해삼 20g, 생강 5g, 대파 10g, 소금 적당량(《민간식보》)

㉢ 충초두구오리탕 - 동충하초 10g, 백두구 6g, 오리 1마리, 청주 10g, 생강 5g, 대파 6g, 소금 · 후추 적당량(《경험방》)

㉣ 두구복령만두 - 백두구 10g, 복령 30g, 밀가루 500g, 베이킹파우더 7g(《백병음식요법》)

㉤ 황기산약이편탕 - 돼지이장 1구, 황기 30g, 산약 20g, 천화분 10g, 맥문동 10g, 생지황 15g, 청주 15g, 대파 10g, 생강 5g, 소금 5g(《민간방》)

(4) 간신부족(肝腎不足)

① 증상

당뇨병이 오래되면 몸이 마르고 힘이 없다.

소변을 자주 보고 양이 많으며 색이 탁하고 단 냄새가 난다.

입이 마르고 허리가 시고 다리에 힘이 없다.

머리가 어지럽고 이명 현상이 나타난다. 오심번열이 생긴다.

혀가 붉고 설태가 적고 진액이 부족하며 맥이 깊고 가늘다.

② 치료 원칙

신장을 튼튼하게 하고 기혈을 보한다.

③ 약선

㉠ 연작백화합 – 산약 50g, 비둘기고기 250g, 간장 3g, 청주 3g, 콩가루 50g, 화초 10g, 소금 5g, 계란 5개(《중의변증치료학》)

㉡ 구기자계란찜 – 구기자 10g, 계란 2개(《중의변증치료학》)

㉢ 구기자죽 – 구기자잎 150g, 쌀 100g, 소금 6g, 두유 60g, 간 돼지고기 50g, 참기름 10g, 물 1L(《식료죽보》)

㉣ 돼지등뼈탕 – 돼지등뼈 1구, 대추 150g, 연자 100g, 목향 3g, 감초 10g, 물 1L(《명노중의경험》)

㉤ 황정해삼탕 – 황정 12g, 불린 해삼 50g, 소시지 20g, 대추 5개, 표고 20g, 간장 10g, 소금 3g, 닭육수 200g(《보제방》)

(5) 음양양허(陰陽兩虛)

① 증상

병이 오래되어 음손급양(陰損及陽)이 되어 몸이 많이 마르고 부종이 있고 얼굴색이 창백하거나 검고 귀바퀴가 갈라지며 건조하다.

허리, 무릎이 시고 힘이 없으며 온몸이 차다.

혀는 담백색이며 설태는 하얗고 맥은 깊고 가늘고 무력하다.

② 치료 원칙

음양을 동시에 보한다.

③ 약선

㉠ 고량구기죽 – 고량미 100g, 구기자 30g, 상표소 20g(《변증치료학》)

㉡ 충초자라탕 – 자라 1kg, 대추 8개, 동충하초 15g, 소금 10g, 생강 10g, 대파 10g, 마늘 6g(《중초약수책》)

5. 당뇨에 좋은 식품

무, 토마토, 상추, 오이, 가지, 동과, 당근, 가지, 미나리, 김, 미역, 버섯, 셀러리, 구기자, 수박피, 황두, 콩나물, 시금치, 연근, 양파, 두부, 동충하초, 옥수수, 옥수수 수염, 동물 췌장, 해삼, 추어, 소라, 조개, 토끼, 자라, 옥죽, 굴, 오리고기, 우유, 쌀식초, 딸기, 영지, 황기, 서양삼, 황정, 천화분, 산약, 지골피, 번데기, 감나무잎차, 천화분 등

6. 당뇨에 많이 먹으면 좋지 않은 식품

쌀튀김, 찹쌉, 누룽지, 감자, 토란, 검실, 밤, 배, 귤, 감, 바나나, 야자즙, 포도, 망고, 무화가, 사탕수수, 사과, 수박, 용안육, 여지, 앵두, 대추, 석류, 고추, 후추, 화초, 계피, 회향, 백설탕, 황설탕, 빙탕, 꿀, 감주, 술, 인삼 등

폐열로 진액이 상한 당뇨환자에게 좋은 약선

더덕윤폐밥(沙蔘潤肺飯)

폐에 열이 쌓여 진액이 고갈되어 인후가 건조하고 갈증이 나는 증상에 좋으며 소갈증에 효과가 있다. 또한 만성위축성위염에도 효과가 있으며 몸이 마르고 피부가 건조한 사람에게 적합하다.

| 재료 |

- **식재료** : 쌀 300g
- **약선재료** : 더덕 100g, 황기 30g, 백편두 30g, 은행 30g, 옥죽 20g, 대추 20g, 맥문동 10g

| 만드는 법 |

1_ 쌀과 백편두는 깨끗이 씻어 불려 놓는다.
2_ 더덕은 껍질을 벗겨 사각으로 잘게 자른다.
3_ 대추는 깨끗이 씻어 씨를 제거하여 채 썬다.
4_ 맥문동은 거심한 것을 준비하여 깨끗이 씻는다.
5_ 은행은 살짝 볶아 껍질을 제거하여 준비한다.
6_ 황기와 옥죽은 물을 붓고 한 시간 정도 끓여서 약물을 만든다.
7_ 솥에 쌀과 다른 재료를 넣고 약물을 부어 밥을 짓는다.

| 배합분석 |

우리가 주로 먹는 밥에 옛 선조들이 사용하였던 '사삼맥문동탕'을 응용하여 만들었다. 폐와 위를 윤택하게 하여 여러 가지 병증에 좋은 더덕과 맥문동을 주재료로 사용하였다.

더덕은 사삼과 그 효능이 비슷하다.

맥문동 또한 폐를 윤택하게 하는 효능이 강하다.

옥죽은 비장과 폐를 윤택하게 하며 자음 작용이 있어 배합하였다.

은행은 성질은 평하고 수렴 작용이 강해 폐 기운을 수렴하고 기침, 천식에 좋다. 황기는 폐와 비장의 기운을 만들어준다.

백편두는 비위를 편안하게 하면서 습을 제거하므로 이 두 가지 약이 좌약이 되어 배토생금(培土生金) 작용을 한다.

대추는 여러 가지 약성을 조화시킨다.

| Tip |

방제출처: 소갈탕

당뇨병

계지백작약청국장(桂枝白芍藥淸麴醬)

혈액을 맑게 하여 뇌졸중, 심장병, 당뇨병, 허리와 다리의 통증, 비만증, 고혈압, 동맥경화 등 만성병을 다스리는 약선이다. 암 예방, 수종, 종독(腫毒), 소화불량, 설사에도 효능이 있다.

❙ 재료 ❙

- **식재료** : 쇠고기(등심) 100g, 두부 100g, 느타리버섯 10g
- **부재료** : 풋고추 20g, 홍고추 10g, 건표고 4g, 대파 1/2대, 청국장 2큰술, 물 2컵
- **국고기양념** : 국간장 1작은술, 다진 마늘 1작은술, 들기름 · 후춧가루 약간씩
- **약선재료** : 대추 20g, 계지 3g, 백작약 2g, 감초 2g

❙ 만드는 법 ❙

1_ 쇠고기를 얇게 썰어 국고기양념으로 무치고, 두부는 네모지게 썰고, 느타리버섯은 살짝 데친다.
2_ 표고버섯을 씻어 물 1컵에 불린 다음 채 썰고, 버섯 불린 물은 따로 둔다.
3_ 계지, 백작약, 감초, 대추는 씻어 물 1L를 넣고 30분간 끓여 약물을 만든다.
4_ 뚝배기에 들기름을 두르고 양념한 고기와 느타리버섯, 표고버섯을 넣고 볶다가 버섯 불린 물과 약물을 붓는다.
5_ 청국장을 풀어 넣고 끓기 시작하면 두부를 넣고 불을 줄여 오랫동안 서서히 끓인다.
6_ 맛이 잘 어우러지면 고추와 대파를 송송 썰어 넣는다.

❙ 배합분석 ❙

청국장과 쇠고기, 버섯, 두부는 서로 궁합이 잘 맞고 중풍 억제, 진통, 강심 작용이 있다.
계지는 피부혈관 확장, 한선을 자극하여 땀을 내는 해열 작용, 바이러스 억제 작용, 심장병, 뇌졸중의 원인이 되는 혈전을 녹여 혈관에 혈액이 원활하게 흐르도록 도와주어 성인들의 건강에 도움을 준다.
백작약은 영위불화(榮衛不和)에는 간 기능을 보호하고 어혈을 풀어주는 백작약에 계지를 배합하였다.
감초는 혈맥을 소통시키며 근육과 뼈를 튼튼하게 하고 영양상태를 좋게 할 뿐만 아니라 모든 약의 독성을 해독한다.

❙ *Tip* ❙

청국장은 간이 너무 세지 않은 것으로 부재료를 많이 넣지 않고 약한 불에 올려 서서히 끓여야 제맛이 난다.

당뇨병

산약병 (山藥餠)

기음양허로 인한 당뇨병에 효과가 있다. 갈증이 나고 물을 많이 마시며 소변을 자주 보고 소변량이 많으며 권태감이 있고 기운이 없다. 움직이면 땀이 나고 몸이 마르며 기운이 부족하고 수족에서 땀이 나는 증상에 효과가 있다.

재료

- **식재료** : 밀가루 200g, 대추 30g, 계란 2개
- **부재료** : 양파 200g, 대파 1뿌리, 소금 · 참기름 약간씩
- **약선재료** : 산약가루 100g, 황기 30g, 옥죽 30g

만드는 법

1_ 양파는 잘게 썰어 볶고 대파는 잘게 썰어 준비한다.
2_ 대추는 씨를 빼고 가늘게 채 썬다.
3_ 황기와 옥죽에 물을 4컵 붓고 끓여 2컵의 약물을 만든다.
4_ 모든 재료를 반죽 그릇에 담고 약물을 부어가며 반죽을 한다.
5_ 팬에 국자로 반죽을 떠 넣고 얇게 굽는다.

배합분석

산약을 주재료로 하였으며 폐, 비, 신을 보하는 효능이 있다.
익기양음 작용이 있어 예전부터 소갈병을 치료하는 식료방으로 사용되어 왔다.
황기는 기운을 보한다.
옥죽은 자음 작용이 강하여 배합하였다.
양파는 혈 지방을 낮추고 혈액순환을 활발하게 하며 당뇨에 도움을 준다.
볶은 양파는 고소한 향을 내어 맛을 돋운다.

당뇨병

약선해육갱(藥膳蟹肉羹)

자음보혈의 효능이 있어 당뇨로 인해 몸이 마르고 허열이 올라오는 사람들에게 효과가 있다. 여성의 혈허에 좋은 약선으로 간과 신장을 보하고 근골을 튼튼하게 하는 효능이 있다.

재료

- **식재료** : 두부 30g, 게살 20g, 닭가슴살 10g
- **부재료** : 양파 20g, 팽이버섯 20g, 파 10g, 다진 마늘 5g, 다진 생강 3g, 계란 1개, 간장 1작은술, 감자전분 20g, 소금 약간, 후추 약간, 참기름 약간
- **약선재료** : 당귀 4g, 백작약 4g, 숙지황 3g, 천궁 3g, 진피 1g, 감초 1g

만드는 법

1_ 닭가슴살은 삶아서 가늘게 찢고 두부는 5cm로 썰고 게살은 물기를 짜서 준비한다.
2_ 팬에 약간의 기름을 두르고 파, 마늘, 생강을 넣어 볶은 다음 청주, 간장을 넣는다.
3_ 양파는 길이로 썰어 넣고 볶다가 육수를 넣고 끓으면 소금 간을 한다.
4_ 감자전분은 물을 동량으로 넣어 갠 다음 조금씩 넣어가면서 풀어준다.
5_ 닭가슴살과 게살을 넣고 끓으면 후추, 참기름을 넣고 팽이버섯을 넣는다.

배합분석

숙지황은 조혈 작용을 하고 피부를 부드럽게 하며 각질세포를 연화한다.
고혈당에 대해 현저하게 혈당강하 작용, 이뇨 작용, 자음보혈(滋陰補血) 작용을 한다.
당귀는 보혈활혈(補血活血), 행기지통(行氣止痛) 효과가 있고 간장, 심장에 좋다.
자궁 기능 조절 작용이 있어 자궁이 수축되었을 때 이완시키고 불규칙한 수축을 할 때는 수축력을 강화하여 유산을 방지한다.
천궁은 거풍지통(祛風止痛)이 있어 경련이나 임신했을 때 자궁의 수축・경련을 억제한다.
게살은 어혈을 풀어주고 경락을 잘 통하게 한다.

제5절 위통

1) 위완통

상복부의 위완 부근 오목가슴 부위에 통증이 있는 것을 말한다.

2) 통증

창통(脹痛), 자통(刺痛), 은통(隱痛), 극통(劇痛) 등으로 서로 다르게 나타난다.

식욕부진, 오심구토, 트림, 구취 등 소화기계통의 증상을 동반한다.

심장의 통증과 비슷하나 통증의 확산이나 동반증상이 위통과 다르다.

3) 현대의학

급성위염, 만성위염, 위궤양, 십이지장궤양, 소화불량, 위점막탈수 등이 있다.

1. 병인 병기

1) 병인

(1) 외사(外邪)에 의한 것

외부의 한(寒), 열(熱), 습(濕)사가 위를 침범하여 위의 기운을 막고 기운이 정체되어 통증이 나타나며 주로 한사에 의해 발생한다.

(2) 부적절한 음식 섭취

과음, 과식, 배고픔 등으로 비위가 손상되어 위장의 기운이 뭉쳐 아래로 내려가는 기운이 내려가지 못해 나타난다.

맵고 짠 음식, 기름지고 느끼한 음식, 과로, 과음으로 인해 습이 쌓이고 열이 발생하여 비장을 상하게 하고 위의 기능을 막아 통증이 나타난다.

(3) 과도한 스트레스

스트레스, 근심, 걱정을 많이 하거나 화를 자주 내면 간과 비장이 손상된다.

간의 소설 기능이 비장의 운화 기능을 돕지 못해 손상되어 위장의 기운을 막아 아래로 내려가지 못해 위통이 발생한다.

(4) 선천적으로 비장이 허약한 체질

비위는 창고지관(倉庫之官)으로 수납과 운화를 주관한다.

비위가 허약한 체질의 사람은 운화 기능이 약하여 기의 운동이 잘 되지 않거나 중초의 양기가 부족하여 중초가 허약하고 차서 위기가 소통되지 않아 위통이 나타난다.

2) 병기

위는 오행으로 보면 양토(陽土)에 속하며 윤택한 것을 좋아하고 건조한 것을 싫어한다. 음식물을 수납, 부숙(腐熟)하여 아래로 내려보내므로 울체되지 않아야 한다.

한사 침범, 섭생 실조로 인해 위가 막히거나 아래로 내려가지 못하면 위통이 발생한다.

또한 위통의 병변은 위장이지만 간과 비장의 관계가 밀접하여 영향을 받는다.

예를 들어 정신적인 스트레스를 많이 받으면 기가 울결되어 위장의 기운에까지 영향을 미쳐 위통이 일어나기도 한다.

비장의 승청 기능과 위장의 하강 기능이 조화롭지 못하여 위통이 나타나기도 한다.

그리고 비위가 약한 체질에 섭생을 잘못하거나 폭식, 폭음, 과기(過飢), 과로 또는 오랜 병으로 인해 정기가 손상되는 등의 원인에 의해 비기가 허약하여 운화 기능이 소실되어 기운이 막혀 위통이 발생한다.

2. 변증요점

위통변증은 허, 실, 한, 열로 해야 하며 병사가 기에 있는지 혈에 있는지와 겸해서 오는 병사가 무엇인지를 살펴야 한다.

1) 허증

통증이 완만하게 오고 통증 부위가 정확하지 않으며 손을 대면 편해지고 맥은 약하다.

2) 실증

통증이 강하고 고정되어 있으며 만지면 통증이 심해지고 맥은 성하다.

3) 한증(寒證)

찬 것을 만나면 통증이 심해지고 따뜻한 것에는 통증이 약해진다.

4) 열증

위완부가 타는 듯한 통증이 나타나고 병세가 급박하며 열을 만나면 통증이 심하고 찬 것을 만나면 통증이 줄어든다.

일반적으로 초기에는 병사가 기에 있고 오래되면 혈에 있다.

5) 병사가 기에 있는 위통은 기체와 기허로 나눈다

(1) 기체

주로 창통이 나타나고 양쪽 옆구리 방향으로 확산되기도 하고 오심, 구토가 나오고 트림이 자주 나오며 통증과 정서적인 면이 밀접하다.

(2) 기허

비위기허를 말하며 위완통, 공복통 외에 식사량이 적고 식후 배가 더부룩하고 대변이 묽으며 얼굴색에 윤기가 적다. 혀가 담백하고 맥은 약하게 뛰는 등의 증상이 나타난다.

(3) 병사가 혈에 병이 있는 위통

통증 부위가 고정되고 바늘로 찌르는 듯한 통증이다. 혀가 어두운 자색이며 어반(瘀斑)이 있으며 토혈, 혈변이 나타나기도 한다.

3. 변증시선

1) 한사가 위를 침범한 경우

(1) 증상

위통이 급하게 나타나고 찬 것을 싫어하고 따뜻한 것을 좋아하며,
따뜻하면 통증이 감소하고 차면 통증이 심해진다.
입은 담백하고 갈증은 나지 않으며 따뜻한 음료를 좋아한다.

(2) 병기

한사가 위를 응집하고 차게 만들어 양기를 막아 기가 정체되어 나타난다.

(3) 치료 원칙

위장에 찬기를 없애고 따뜻하게 하며 기운을 잘 통하게 하여 통증을 없앤다.

(4) 약선

방아잎쌈밥, 생강양고기탕, 자소엽칼국수 등

2) 섭생 실조로 인해 위장이 상한 경우

(1) 증상

위완부에 통증, 창만하다,
손을 대면 통증이 심하고 트림할 때 부패한 냄새가 난다.
신물이 넘어오고 구토를 하면 소화가 안 된 음식물이 나온다.
구토 후에 통증 감소, 음식이 먹기 싫다.
대변이 편하지 않다. 방귀, 변을 본 후에는 조금 편해진다,
설태가 두껍고 지저분하다.

(2) 병기

음식물이 적체되어 위장의 기운이 아래로 내려가지 못한다.

(3) 치료 원칙

소화를 돕고 체한 음식을 내려가게 하며 위를 편하게 하여 통증을 없앤다.

(4) 약선

계내금볶음, 탱자정과, 산사정과, 무즙 등

3) 간의 기운이 위장의 기운을 침범하여 나타나는 경우

(1) 증상

위완부에 창통이 있으며 통증은 양쪽 옆구리 방향으로 확산된다.

스트레스를 받거나 신경을 많이 쓰면 통증이 나타나거나 심해지며 방귀를 뀌거나 트림을 하면 통증이 약간 감소한다.

가슴이 답답하면서 트림이 자주 나오고 장탄식을 자주한다.

대변이 잘 안 나온다.

설태는 얇고 희다.

(2) 병기

간기울결로 인해 비위가 눌려 위기가 막혀서 나타난다.

(3) 치료 원칙

간의 기운을 잘 소통시키고 기운을 조절하여 통증을 없앤다.

(4) 약선

하엽울금죽, 국화상엽박하차, 진피정과, 우엉차 등

4) 습열이 중초를 막아 나타나는 경우

(1) 증상

위완부에 통증이 있고 통증이 급박하며 오목가슴이 타는 듯한 느낌이 든다.

입이 건조하고 쓰며 갈증은 나나 먹기 싫다.

음식이 들어가지 않고 오심이 있다.

소변색이 노랗고 대변이 잘 안 나온다.

혀가 붉고 설태는 노랗고 지저분하다.

(2) 병기

습열이 쌓여 위장의 기를 막아서 발생한다.

(3) 치료 원칙

습열을 없애고 열을 내리며 기운을 조절하고 위를 편하게 한다.

(4) 약선

치자밥, 복령칼국수, 민들레무침, 방아잎장아찌 등

5) 어혈이 위를 막아 나타나는 경우

(1) 증상

위완통증이 있으며 자통(刺痛)이 있고 칼로 긁는 것 같은 느낌이 든다.

통증 부위가 고정되어 있다.

통증 부위를 누르면 통증이 심하고 통증 시간이 오래간다.

식후에 심하고 또는 밤에 심하며 간혹 토혈이나 흑변을 본다.

(2) 병기

어혈이 위장의 낙맥에 멈춰 맥락이 옹체되어 발생한다.

(3) 치료 원칙

경락을 잘 통하게 하고 위를 편하게 하며 기운을 조절한다.

(4) 약선

홍화도인죽, 당귀미적작산, 삼칠엽무침 등

6) 위장의 음이 고갈되어 나타나는 경우

(1) 증상

위완부가 은근하면서 뜨거운 열기가 동반된 통증이 있다.
배고픈 느낌은 드는데 먹지 못한다.
입과 목이 건조하고 오심번열이 있다.
몸이 마르고 기운이 없으며 갈증이 있고 물이 먹고 싶고 대변이 건조하다.
혀가 붉고 진액이 부족하며 맥은 가늘고 빠르다.

(2) 병기

위음 고갈로 인해 위가 유양(濡養)을 얻지 못해 발생한다.

(3) 치료 원칙

음을 보하고 위를 튼튼하게 하며 중초를 다스려 통증을 없앤다.

(4) 약선

옥죽사삼죽, 맥문동저육찜, 석곡지모탕 등

7) 비위가 허약하고 차서 나타나는 경우

(1) 증상

위통이 은근히 오면서 잘 멈추지 않고 계속된다.
따뜻한 것을 좋아하고 만지면 통증이 가벼워진다.
공복에 통증이 심하고 음식을 먹으면 조금 나아진다.

과로하거나 찬 것을 만나면 통증이 나타나거나 심해진다.
맑은 물을 토하고 정신이 피로하고 음식이 안 들어간다.
사지가 무겁고 힘이 없으며 수족이 차고 대변이 묽다.
혀는 담백하며 설태는 흰색이다.

(2) 병기

비위가 허약하고 차서 위기가 아래로 내려가지 못해 나타난다.

(3) 치료 원칙

중초를 따뜻하게 하고 비장을 튼튼하게 하며 위를 편하게 하여 통증을 멈추게 한다.

(4) 약선

생강탕, 황기계탕, 사군자계탕 등

음식으로 보하는 방법

1. 평보법

① **평성식물**

일반적인 곡물, 과일, 채소 등이다.

② **보기, 보음, 보양을 동시에 하는 식품**

비, 폐장의 기를 보하면서 음을 보하는 산약, 벌꿀 등과
신음을 보하면서 신양을 보하는 구기자, 복분자 등이 있다.

2. 청보법

보하면서도 성질이 평성이나 약간 찬 성질의 식물로 실증에 작용하기도 한다.
위의 열을 내리고, 대 · 소변을 잘 통하게 하고, 소화흡수를 잘 시키고,
노폐물을 배설시키고, 보하는 식물로 무, 동과, 수박, 좁쌀, 사과, 황화채 등이 있다.

위궤양 환자는 배와 고구마가 음(陰)과 한(寒)에 속하는 음식으로 위의 통증을 가중시키므로 삼가는 것이 좋다.

소화기계통 질병

연자송이죽(蓮子松栮粥)

소화 기능이 약하고 식욕이 없는 사람에게 좋다. 비(脾) 기능을 보하며 소화가 잘 되고 설사를 멈추게 한다. 기운을 돋우고 혈지방을 낮추는 효능이 있다. 비위가 허약하여 습이 쌓이는 사람이나 고지혈증, 당뇨 등에 효과가 있으며 배가 더부룩하며 소화가 잘 되지 않고 무기력한 환자들에게 좋은 약선이다.

| 재료 |

- **식재료** : 쌀 200g
- **부재료** : 양송이버섯 80g, 새우 100g, 애호박 80g, 양파 60g, 당근 40g, 닭육수 3컵, 우유 2컵, 참기름 약간
- **약선재료** : 연자육 80g

| 만드는 법 |

1_ 연자육은 물에 불려 씻어 삶아서 다져 놓는다.
2_ 쌀은 씻어 불려 놓는다.
3_ 양송이, 새우, 양파, 애호박은 깨끗이 씻어 0.5cm 크기로 썰어 놓는다.
4_ 달궈진 팬에 참기름을 두르고 양파를 볶다가 양송이, 새우, 호박 순서로 넣어 볶는다.
5_ 불린 쌀은 참기름을 두르고 볶다가 투명해지면 닭육수를 넣고 뭉근히 끓인다.
6_ 죽에 4의 재료와 연자육을 넣고 뚜껑을 덮은 후 10분간 약한 불에서 익혀준다.
7_ 맛이 어느 정도 들었으면 우유를 넣어 약한 불에서 10분간 뜸을 들여 완성한다.
8_ 기호에 따라 소금과 간장으로 간을 조절한다.

| 배합분석 |

연자육은 심기허증 증세에 효과가 있으며, 장의 수렴 작용이 강하여 비 기능을 보호하므로 설사를 멈추게 한다.
송이버섯은 성질이 평하고 달다. 비위가 허약하거나 식욕이 없고 위가 불편한 사람에게 좋으며 콜레스테롤을 저하시키고 항암 작용이 있다.
당근은 성질이 평하고 맛은 달며 식욕 부진에 좋고 비장을 튼튼하게 하며 소화를 돕는다. 호박의 당질은 소화 흡수가 잘 되고 위장이 약하거나 병후 회복에 좋다.

| Tip |

연자육을 넣어 죽을 쑬 때는 곱게 다지거나 믹서에 갈아 조리하면 소화가 잘 된다.

소화기계통 질병

산사닭고기찜 (山楂鷄肉蒸)

산사는 소화를 좋게 하여 비위(脾胃) 기능을 보하고 식욕을 촉진하며 기력을 상승시킨다. 또한 혈중 콜레스테롤 축적을 예방한다.

| 재료 |

- **식재료** : 닭고기 500g
- **부재료** : 감자 150g, 당근 50g, 양배추 50g, 물 2컵
- **양념장** : 간장 5큰술, 꿀 2큰술, 마늘 1큰술, 파 2큰술, 참기름 1큰술, 깨소금 1큰술, 잣 10g
- **약선재료** : 산사 20g

| 만드는 법 |

1_ 산사는 깨끗이 씻어 20분간 불려서 씨를 제거하고 잘게 썰어서 3컵의 물을 붓고 10분간 끓여 우린다.
2_ 닭은 기름을 제거한 후 잘게 토막내어 끓는 물에 살짝 데친 다음 소금과 후추를 약간 뿌려 놓는다.
3_ 감자와 당근은 밤톨 크기로 만들고, 양배추는 깨끗이 씻어 2cm 정도로 썰어 놓는다.
4_ 산사 우린 물 2컵에 간장을 비롯한 재료를 넣고 양념장을 만든다.
5_ 데친 닭에 손질한 당근과 감자를 넣고 양념장의 2/3를 넣어 끓인다.
6_ 닭에 맛이 배어들면 나머지 양념장과 양배추를 넣고 익힌 후 참기름과 깨소금을 넣고 뒤적여 접시에 담고 잣을 올린다.

| 배합분석 |

닭고기는 따뜻하여 소화가 잘 되며, 비위를 보한다. 허약한 몸을 보하고 기운을 돋운다.
산사는 육질을 부드럽게 하며 소화흡수가 잘 되게 한다.
감자는 비위의 기운이 허약한 사람, 소화기 궤양 환자에게 좋다.
당근은 비장을 튼튼하게, 중초를 편하게, 소화를 돕고 간을 윤택하게 하고 눈을 맑게 한다.
양배추는 피부를 깨끗하게, 장을 튼튼하게, 위암, 이질, 만성장염을 예방하는 효과가 있다.

| Tip |

감자와 당근은 모서리를 둥글게 다듬어서 조리 시 부서지지 않게 한다.

소화기계통 질병

산매탕삼색냉채 (酸梅湯三色冷菜)

소화기를 튼튼하게 하고 기운과 진액을 만들어주는 약선으로 갈증을 해소한다. 간 기운을 조절하여 혈액순환을 활발하게 하는 효능이 있다. 허약한 몸을 보하고 근골(筋骨)을 튼튼하게 한다. 여름철 더위에 지쳐 기운이 없고 식욕이 없으며 땀을 많이 흘리며 갈증이 나는 사람들에게 적합하며 허약 체질을 개선해 주는 효과가 있다.

재료

- **식재료** : 닭가슴살 100g, 해파리 40g
- **부재료** : 오이 30g, 양상추 20g, 새싹채소 10g, 생수 1컵, 설탕 2큰술, 소금 1/2작은술, 매실 1큰술, 식초 1큰술
- **약선재료** : 진피 10g, 감초 10g, 오매 10g

만드는 법

1_ 약재료에 생수 1컵을 넣고 약불로 1/2가량 졸인 후 꿇여서 체에 밭쳐 식힌 다음 설탕, 소금, 매실, 식초를 넣어 산매탕을 준비해 둔다.
2_ 해파리는 미리 소금기를 제거한 후 따뜻한 물에 데쳐 찬물에 식혀 면보를 이용해 물기를 제거해 둔다.
3_ 닭가슴살은 부드럽게 삶아 식힌 후 먹기 좋은 크기로 찢어 놓고 오이는 채 썰고, 양상추, 새싹채소는 씻어 놓는다.
4_ 해파리, 닭가슴살, 오이, 양상추를 배합하여 접시에 보기 좋게 담는다.
5_ 4에 1을 끼얹고 새싹채소를 보기 좋게 올려 완성한다.

배합분석

닭은 성질이 따뜻하고 맛은 달며 비, 위경(鼻胃經)으로 들어간다.
중초(中焦)를 보하고 기운을 만들어주어 허약한 체질이나 무기력한 증상에 좋다.
해파리는 열(熱)을 내리고 간기(肝氣)운을 안정시키는 효능이 있다.
장(臟)을 윤택하게 하여 변을 잘 통하게 하는 효능이 있어 여름철에 좋다.
진피, 오매는 기운을 조절하고 식욕을 좋게 하고 소화를 돕는 효능이 있다.
장(臟)을 깨끗하게 하는 효능이 있다.

제6절 변비

변비는 대변이 건조하거나 단단하다.

배변이 어려우며 배변의 횟수가 정상적이지 못한 상태를 말한다.

복강 내에 염증, 장막힘, 장내용종, 항문질환 등을 동반하면 그 병세가 중하다. 만성변비는 특별한 증상이 없으나 배가 더부룩하거나 입이 쓰고 냄새가 많이 난다. 변비의 원인은 많으나 대장의 배출 기능이 실조되어 나타나는 현상이다.

1. 병인 병기

이 질환의 병위는 대장이다.

그러나 폐, 간, 비장과 신장 등 여러 장기와 밀접한 관계가 있다.

1) 체질

양성체질, 과음, 매운 음식을 과식, 약을 잘못 복용하는 등의 원인으로 대장에 열이 많고 건조하여 진액이 말라 대변이 내결되어 나타난다.

2) 생각

생각을 많이 하거나, 오랫동안 앉아 있거나 누워 있으며, 운동량이 부족하여, 간이나 비장의 기운이 정체되어 대장의 배출 기능이 실조되어 나타난다.

3) 복부 수술

수술 후 또는 찰과상으로 어혈이 대장에 달라붙어 대장이 막혀 나타난다.

4) 나이

나이가 들면서 정혈이 쇠퇴하거나, 오랜 병으로 인해 기운이 소모된다.
진액이 고갈되어 대장을 유윤하지 못하게 되고 배출 기능이 약해져서 나타난다.

2. 선식의기(善食宜忌)

1) 맑고 담백하며 미끄럽고 윤택한 식품을 많이 섭취한다

채소, 과일, 두유, 참기름 등을 많이 먹고 달고 느끼한 음식은 적게 먹는다.

2) 음식의 차고 더운 성질은 병증에 따라 선택한다

실열변비에는 찬 성질의 음식을 먹고 양허변비에는 따뜻한 성질의 음식을 먹는다.

3) 장을 윤택하게 하는 음식과 섬유질이 많은 음식을 증가시킨다

장을 윤택하게 하는 음식에는 식물성유, 호두, 잣, 깨, 행인, 도인 등이 있다.
섬유질이 풍부한 음식에는 셀러리, 부추, 콩류, 통곡류, 거친 채소 등이 있으며, 기운을 만들어주는 음식에는 감자즙, 무 등이 있다.

3. 변증시선

1) 실열변비

(1) 증상

대변이 건조하고 소변이 붉으며 몸에 열이 많다.
배가 더부룩하거나 입이 마르고 냄새가 난다.

혀가 붉게 나타난다.

(2) 약선

토마토계란탕, 결명자가지찜, 죽순셀러리무침, 해파리냉채 등이 있다.

2) 기체변비

(1) 증상

트림이 자주 나오고 가슴과 옆구리가 창만하며 배가 더부룩하다.
식욕이 없으며 번열이 있고 입이 자주 마른다.

(2) 약선

목향빈랑죽, 지실결명자옥수수떡, 침목향해삼탕, 지실무볶음 등이 있다.

3) 기허변비

(1) 증상

배변의 욕구는 있으나 배변하기가 힘들고 기운이 없다.
땀이 많이 나고 피로하며 얼굴색이 창백하고 정신이 맑지 못하다.

(2) 약선

황기자소마죽, 마인밤떡, 황기목향정과, 인삼흑임자음, 감자육종용정과 등이 있다.

4) 혈허변비

(1) 증상

얼굴색이 희고 머리가 어지러우며 눈이 침침하다.

가슴이 자주 두근거리며 건망증이 있다.

(2) 약선

백자인저심조림, 하수오계란조림, 당귀백자인죽, 호두잣죽, 생지황바나나음, 상심자지황고 등이 있다.

5) 양허변비

(1) 증상

얼굴색이 파랗고 사지가 차며 소변이 길다.

따뜻한 것을 좋아하고 찬 것을 싫어하며 복부가 차고 통증이 있으며 허리가 시리다.

(2) 약선

종용양신갱, 호두인죽, 쇠양홍탕음, 우슬종용당귀고, 쇠양양고기면 등이 있다.

변비에 좋은 약선

- 죽: 잣죽, 흑임자죽, 호두죽, 상심자죽, 화마인죽, 행인호두죽, 들깨죽, 오인죽(깨, 호두, 잣, 도인, 행인), 갈분결명자죽
- 고: 상심자밀고
- 탕: 목이해삼곱창탕, 다시마잉어탕, 버섯도인탕, 시금치저혈탕, 황기탕, 오인탕
- 음료: 깨행인음, 번사엽차, 결명육종차, 꿀차, 대황차

변비

해송자(잣)양갱 (海松子羊羹)

오장을 윤기 있게 하며 기혈(氣血)을 보하고 위장을 따뜻하게 한다. 피부를 윤택하게 하고 살을 찌게 하며 노화를 방지한다. 또한 폐를 윤활하게 하여 기침을 멈추게 한다. 몸이 마르고 여윈 사람, 체질이 허약하고 대변이 건조하여 변비가 있는 사람, 피부가 건조한 사람, 노년의 신체가 쇠약한 사람에게 적합하다.

재료

- 식재료 : 해송자 1/2컵, 팥앙금 1/2컵
- 부재료 : 분말한천 4g, 설탕 1큰술, 소금 약간, 꿀 2큰술(달인 물 1컵)
- 약선재료 : 대추 30g

만드는 법

1_ 잣은 꼭지를 따고 깨끗이 손질한다.
2_ 대추에 물 3컵을 넣고 1컵이 될 때까지 끓여서 체에 걸러 식힌다.
3_ 분말한천을 냄비에 담고 대추 달인 물을 부어 잘 섞고, 저어주며 끓인다.
4_ 끓기 시작하면 설탕, 팥앙금을 넣고 약불에서 잘 섞이도록 저어주며 서서히 끓인다.
5_ 마무리로 잣, 소금, 꿀을 넣고 끓인 후 양갱 틀에 부어서 굳힌다.

배합분석

잣은 건조한 부분을 윤택하게 하고, 혈액을 보하고, 폐를 윤택하게 하며 오장을 매끄럽게 한다.
팥은 청열해독(淸熱解毒), 종기, 습진, 다이어트에 효과가 있어 배합하였다.
대추는 보혈 작용, 정신을 안정시키고 비장을 튼튼하게 하고 위를 편하게 한다.
대추와 잣을 배합하면 피부색을 좋게 하고 대추의 효과를 증대시킨다.
꿀은 변비가 있는 사람에게 좋으며 중초를 보하고 통증을 완화시키며 해독 작용을 한다.

Tip

대추 달인 물을 식혀서 분말한천을 잘 풀어서 불에 올려 주걱으로 잘 저으면서 끓인다. 굳힐 그릇의 안쪽에 물을 발라준 다음 끓인 양갱을 그릇에 부어 실온에서 단단해질 때까지 굳힌다.

변비

구기자배추찜 (蒸拘杞子白菜)

장의 연동운동을 촉진하며 장을 잘 통하게 하여 변비를 해소하는 효능이 있다. 해독 작용이 있어 중금속이나 환경오염물질을 배출한다. 또한 수액대사를 활발하게 하여 소변을 잘 나오게 하며 고지혈증으로 인한 여러 가지 현대 생활 습관병 예방에 도움이 되는 약선이다.

| 재료 |

- **식재료** : 알배기배추 400g, 양파 80g, 쇠고기홍두깨살 30g, 당근 30g, 대파 50g, 불린 표고 30g, 알마늘 10g, 홍고추 10g, 청고추 30g, 소금 · 후춧가루 · 식용유 약간씩
- **쇠고기버섯양념장** : 간장 2큰술, 꿀 1작은술, 청주 1큰술, 후춧가루 약간, 참기름 2작은술
- **배추양념** : 간장 2큰술, 설탕 2큰술, 소금 1큰술, 물 50cc, 식초 3큰술, 참기름 1큰술, 통깨 1큰술
- **약선재료** : 구기자 50g

| 만드는 법 |

1_ 배추는 낱장으로 떼어 끓는 소금물에 살짝 데쳐 냉수에 헹군 뒤 수분을 제거한다.
2_ 쇠고기와 표고는 채 썰어 양념에 20분간 재운 다음 볶아 놓는다.
3_ 당근, 양파, 고추 등은 고르게 채쳐서 소금, 후추, 식용유를 약간씩 넣어 각각 볶아 놓는다.
4_ 배추양념 중 간장, 설탕, 소금, 물, 구기자를 불에 올려 한소끔 끓으면 불을 끄고 식초, 참기름, 통깨를 넣는다.
5_ 데친 배추, 볶은 야채 , 배추양념 순으로 통에 넣어 냉장고에 2시간 보관한 뒤 먹는다.
6_ 그릇에 담을 때 한입 크기로 썰어서 담아낸다.

| 배합분석 |

배추는 장과 위를 잘 통하게 하고 번조증, 번갈증, 술독갈증을 해소하고 화중지해(和中止咳)하는 효능이 있어 겨울철 즙을 내서 먹으면 특히 효과가 좋다.
구기자를 배합하여 보기(補氣)에 도움을 주고 고혈압, 당뇨환자도 많이 먹어도 지장이 없도록 배합을 했다. 또한 고혈압 환자에게 좋은 채소인 표고버섯, 양파 등을 넉넉히 넣어 배합을 했다.

| Tip |

완성된 요리를 냉장고에 넣었다가 하루 정도 지난 후에 먹는 것이 좋다. 모양도 반듯하고 간이 잘 스며들어 맛이 좋다.

제7절 수종

수종은 수액이 체내에 정체되어 피부로 나타나는 것을 말한다.

머리, 얼굴, 눈가, 사지, 복부 등에 나타나거나 심하면 전신에 나타나는 증상을 말한다.

동양의학에서 수액은 기에 의해 움직이는데 전신의 기화 기능 장애로 인해 나타난다.

수종 발생의 기본 병리 변화는 폐의 수액조절 기능 이상이나 비장의 운화 기능 실조, 신장의 개 · 폐합 기능 실조, 삼초의 기화불리 등이 원인이다.

1. 병인

1) 풍사가 체표에 침입했다

폐의 통조 기능이 실조되어 발생한다.

2) 피부에 창독이나 용종이 발생했다

안으로 폐와 비장을 공격하여 인체의 진액을 기화시키지 못해 발생한다.

3) 습지나 우기에 습사가 비장의 양기를 막는다

비위의 승청강탁 기능을 저하시켜 발생한다.

4) 달고 기름진 음식, 매운 음식을 장기적으로 섭취했다

습열이 중초를 막고 비위 기능을 저하시켜 수액을 보내지 못해 수습이 정체되어 발생한다.

5) 선천적으로 약하게 태어나 신장의 기능이 허약하다

방광의 개합이 잘 이루어지지 않아 수액이 피부로 범람하여 발생한다.

2. 병기

인체의 수액은 스스로 움직이지 못하며 기에 의존한다.

따라서 수종은 전신의 기화 기능의 장애로 귀결된다.

수종 발생의 기본 병리 변화는 폐실통조(肺失通調), 비실전수(脾失轉輸), 신실개합(腎失開闔), 삼초기화불리(三焦氣化不利)이다.

병리 인소는 풍수(風水), 수습(水濕), 창독, 어혈이다.

병의 위치는 폐, 비, 신으로 삼장과 밀접한 관련이 있다.

1) 폐

일신의 기를 주관하며 수액을 방광까지 보내는 통조수도(通調水道)의 생리기능이 있는데 풍사가 침범하여 그 기능을 잃어버리면 수종이 나타난다.

2) 비장

운화하는 생리기능이 있으며 수곡정미물질을 전신에 보내는 역할이 있다.

수습이 비장을 침범하거나 폭식, 폭음으로 비장의 양기가 힘들어지면 운화 기능이 약해져 수종이 발생한다.

3) 신장

수액을 주관하는 장기로 신장에 모이는 수액을 기화 및 개합 작용을 한다.

이 기능이 약해지면 수종이 나타난다.

3. 변증시선

수종병은 먼저 양수(陽水)와 음수(陰水)로 구별한다.

- 양수 – 실증으로 풍, 습, 열, 독의 사기가 인체를 침범하여 나타나는 것을 말한다.
- 음수 – 비장, 신장 허약으로 기가 부족하여 나타난다.
  오래되면 어혈이 수액을 막아 나타난다.

1) 양수(陽水)

(1) 풍수상박(風水相搏)

① 증상

처음은 눈 주위가 붓고 시간이 지나면 사지가 부으며 더 오래되면 전신 부종이 온다.

증세가 빠르고 오한, 발열, 몸살, 소변 불리 등의 증상이 겸한다.

② 치료 원칙

소풍청열(疏風淸熱), 선폐이수(宣肺利水)

③ 약선 식품

방풍, 깻잎, 백출, 복령, 부평, 택사, 차전초, 상백피, 생강피, 옥수수 수염, 황기, 방기, 행인 등이며 증상의 경중에 따라 배합하여 사용한다.

④ 약선

방풍나물, 차전초나물, 복령죽, 옥미수콩나물국, 방기황기탕 등이 있다.

(2) 수습침지(水濕浸漬)

① 증상

전신에 수종이 나타나고 하지가 상하며 손으로 누르면 표시가 난다.

소변이 적게 나온다.

몸이 무거우며 가슴이 답답하고 식욕이 없고 무력하다.

설태는 희고 지저분하며 맥은 깊고 병세는 완만하게 진행된다.

② 치료 원칙

운비화습(運脾化濕), 통양이수(通陽利水)

③ 약선 식품

상백피, 진피, 대복피, 복령피, 생강피, 창출, 후박, 초과, 계지, 저령, 택사 등을 증상의 경중에 따라 배합하여 사용한다.

④ 약선

오피탕, 진피정과, 복령칼국수 등이 있다.

(3) 습열옹성(濕熱壅盛)

① 증상

전신에 부종이 있다.

피부가 팽창하고 가슴이 답답하며 번열이 나고 갈증이 나타난다.

소변은 적고 붉은색이며 대변도 건조하다.

혀는 붉고 설태는 노랗고 지저분하다.

② 치료 원칙

습열을 분리하여 배출시킨다.

③ 약선 식품

팥, 맥모근, 녹두, 강활, 진구, 방풍, 대복피, 복령피, 생강피, 복령, 택사, 목통 등이며 증상의 경중에 따라 배합하여 사용한다.

④ 약선

오리녹두죽, 오피팥죽, 차전자콩나물국, 백모근잉어탕 등이 있다.

2) 음수

(1) 비양허쇠(脾陽虛衰)

① 증상

몸이 붓는 증상이 오래되고 특히 허리 아래가 심하다.

누르면 회복이 느리고 복부가 창만하다.

변이 묽게 나오고 얼굴에 핏기가 없다.

권태감이 있고 무력하며 소변이 적다.

혀는 담백하고 설태는 백색으로 지저분하다.

② 치료 원칙

건비온양이수(健脾溫陽利水)

③ 약선 식품

생강, 백출, 복령, 구감초, 대추, 택사, 차전자, 모과, 목향, 후박 등이며 기허가 심하면 황기나 인삼을 배합하여 사용한다.

④ 약선

황기차전자계탕, 황기청국장, 복령대추죽 등이 있다.

(2) 신양쇠미(腎陽衰微)

① 증상

수종이 반복되고 잘 낫지 않으며 얼굴과 몸이 붓고 특히 하체가 심하다.

피부를 누르면 잘 나오지 않는다.

소변은 많고 적음이 반복되며 허리와 무릎이 시고 차며 손발이 차다.

② 치료 원칙

온신조양(溫腎助陽), 화기행수(化氣行水)

③ 약선 식품

건강, 육계, 토사자, 차전자, 백출, 복령, 택사, 우슬, 당삼, 동계자 등이며 증상에 따라 배합하여 사용한다.

④ 약선

차전자계피탕, 토사자복령죽, 육종용주 등이 있다.

수종
오리녹두죽(鴨肉綠豆粥)

몸이 마르고 허약하면서 습열이 많아 더위를 잘 먹고 전신에 부종이 자주 나타나는 사람에게 좋은 약선이다. 특히 기가 약하고 가슴이 답답하며 갈증이 있는 사람들, 식은땀, 도한(잠잘 때 땀이 나는 증상)이 자주 나타나는 사람, 부인들의 갱년기종합증에도 효과가 있다.

| 재료 |

- **식재료** : 오리 800g, 쌀 200g, 녹두 150g, 율무 50g, 대추 20g
- **부재료** : 양파 60g, 생강피 10g, 대파 1뿌리, 청주 1큰술, 소금 · 후춧가루 약간
- **약선재료** : 황기 50g, 건하엽 10g

| 만드는 법 |

1_ 오리는 먹기 좋은 크기로 토막을 내어 생강과 요리술을 넣어 재워두었다 물을 붓고 1시간 정도 끓여 육수를 만들고 고기는 따로 발라 놓는다.
2_ 쌀과 율무, 녹두는 깨끗이 씻어 물에 불린다.
3_ 양파와 대파는 잘게 썰어 준비한다.
4_ 황기는 깨끗이 씻어 물에 먼저 넣고 30분 정도 끓인 후 하엽과 생강피를 넣고 10분 정도 더 끓여 약즙을 만든다.
5_ 녹두와 율무는 작은 솥에 넣고 한 번 끓인다.
6_ 양파, 불린 쌀을 넣고 볶다 오리육수, 고기, 약즙, 대추, 녹두, 율무를 넣고 죽을 만든다.
7_ 죽이 완성되면 간장과 후추로 간을 한다.

| 배합분석 |

오리는 성질이 차서 더운 여름철에 적합하며, 음허체질인 사람, 각종 수종병, 즉 간경화복수, 신장병으로 인한 수종, 심장성 수종, 영양불량성 수종, 허열이 올라오는 사람에게 좋은 식품이다. 허증으로 나타나는 동맥경화, 고혈압, 심장병, 신장병 환자의 보조 치료식으로 적합하여 주재료로 사용하였다.
녹두는 청열이뇨 작용이 좋은 곡류로 더위를 식히는 좋은 식품이다. 해독 작용이 강해 토사곽란이 나거나 담열로 천식이 있으며 눈이 충혈되면서 두통이 있을 때도 쓰이며 수종이 자주 나타나며 소변량이 적고 입안이 헐거나 혓바늘이 돋고 단독, 풍진, 피부 감염, 약물 중독, 식물 중독, 금석 중독, 연탄가스 중독에도 좋은 식품이다.
황기는 보기 작용이 있어 수액대사를 활발하게 하고 자한(自汗), 도한에 도움을 주며 이수 작용이 있어 배합하였다.
하엽은 습열을 제거해 주는 효능이 있다.
대추와 **대파 · 생강피**는 소화를 돕고 이뇨 작용을 한다.

| Tip | 수종에는 청둥오리가 더욱 적합하다.

수종 잉어검은콩찜(鯉魚黑大豆蒸)

비위(鼻胃)를 튼튼하게 하고 위(胃)를 편하게 한다. 기운을 만들고 수액대사를 활발하게 하여 수종을 치료하는 효과가 있다. 기운이 부족하고 자주 몸이 붓거나 자한(自汗), 도한(盜汗)이 있는 사람들에게 좋다. 특히 신장이 허약하여 여러 가지 증상이 나타나는 체질을 개선하고 난 후 젖이 잘 안 나오는 산모들에게도 유익한 약선이다.

재료

- **식재료** : 잉어 500g, 검은콩분말 2큰술, 검은콩청국장분말 1큰술
- **부재료** : 대파 10g, 생강 10g, 콩기름 1L, 생수 3컵, 감자전분 1큰술, 해선중국간장 1큰술, 청주 1큰술, 소금 약간
- **약선재료** : 황기 30g, 당삼 20g, 표고 20g

만드는 법

1_ 잉어는 비늘을 벗겨 입(부레) 쪽에서 젓가락을 이용해서 내장을 빼낸 후 대각선으로 칼집을 넣고, 간장, 청주로 밑간해서 마른 전분을 사이사이에 발라준다.
2_ 황기, 당삼, 표고에 생수 2컵을 붓고 1/2로 졸 때까지 약한 불에 끓여 체에 밭쳐둔다.
3_ 대파, 생강은 잘게 썰어 준비한다.
4_ 검은콩청국장분말, 검은콩분말, 감자전분, 소금, 생수 1컵을 넣어 잘 섞어 준비한다.
5_ 팬에 콩기름 1L를 넣어 170℃가 되면 1의 잉어 꼬리를 들고 머리부터 앞뒤로 잘 튀겨둔다.
6_ 팬에 콩기름 1큰술, 잘게 썬 대파, 생강, 간장, 청주를 넣고 2를 넣는다.
약간 조려지면 4를 넣고 걸쭉하게 만든 후 5 위에 끼얹어 완성한다.

배합분석

잉어는 성질이 평하고 맛은 달며 비위, 신장경으로 들어간다.
비위를 보하고 이수소종(利水消腫)과 통유(通乳) 작용이 있다.
검은콩은 비위를 보하고 이뇨 작용(利尿作用)이 있으며 땀을 멈추게 하는 효능이 있다.
신장(腎臟)을 튼튼하게 하고 노화를 예방하며 해독 작용이 있어 배합하므로 그 기능을 더욱 강화시켰다.
황기와 당삼은 비위의 기운을 보하고 표고는 소화를 도와준다.

제8절 갱년기종합증

갱년기종합증이란 여성의 생식능력이 감소되고 소실되는 전환시기, 즉 생식기에서 비생식기로 이행되는 기간에 나타나는 다양한 증상들을 말한다.

1. 병인 병기

폐경 전후에는 신기(腎氣)가 점차로 쇠퇴한다.

천계(天癸)가 다하여 충임맥이 허하고 생식 기능이 점차 상실된다.

장부의 기능이 점점 쇠퇴하게 되므로 신체의 음양평형이 깨어져서 질병에 이르게 된다. 그러므로 갱년기종합증은 신허(腎虛)가 그 병인 병기의 기본이 된다.

그러나 갱년기종합증은 난소 기능의 저하, 여성의 환경에 의해 결정되는 사회문화적 요인 등에 의해 장기간에 걸쳐 그 증상이 매우 다양하게 나타난다.

단지 신허만으로 병인 병기를 적용하는 데는 부족한 점이 많다.

따라서 신(腎)의 음허(陰虛)와 양허(陽虛)가 갱년기종합증의 기본적인 병인 병기이지만 갱년기종합증의 증상이 다양하다.

간울(肝鬱), 심간화왕(心肝火旺), 심신부교(心腎不交), 비심양허(脾心兩虛), 혈어(血瘀) 등도 빼놓을 수 없는 병인 병기들이다.

2. 변증

1) 신음허(腎陰虛)형

상열감(上熱感)이 있고 땀이 나며 오심번열(五心煩熱)이 있다.

두훈이명(頭暈耳鳴), 기억력 감퇴, 피부가 가렵고 벌레가 기어가는 듯하다.

혹은 음부가 건삽(乾澁: 말라서 윤택이 없음)하고 가렵다.

소변은 황색이고 대변은 조결(燥結)하다.

월경은 빨라지고 양이 적으며 주기가 불규칙하고 하혈이 있다.

2) 신양허(腎陽虛)형

손발과 몸이 차며 부종이 잘 생기고 대변이 무르게 나온다.

소변을 자주 보면서 요실금 증상이 있다.
월경이 불규칙적이며 혹은 하혈이 있다.
혀는 담하고 설태는 백색이며 맥은 침지약하다.

3) 신음양양허(腎陰陽兩虛)형

눈과 머리가 어지럽고 귀가 울리며 허리가 시리고 힘이 없으며 손발이 차다.
반면에 상열감(上熱感)이 있으며 자한(自汗), 도한(盜汗)이 있다.
혀는 담하고 설태는 백색이고 얇으며 맥은 침현세하다.

4) 심신부교(心腎不交)형

가슴이 뛰고 잘 놀라며 가슴이 번조(煩躁)로우면서 편안하지 않다.
잠이 적어지면서 꿈이 많아진다.
허리와 무릎이 시리고 약해지며 집중력과 기억력이 감퇴된다.
월경이 불규칙하다.
혀는 홍색이고 설태는 적으며 맥은 침현세(沈弦細)하거나 세삭(細索)하다.

5) 간울(肝鬱)형

정신적으로 긴장되며 우울하고 가슴이 답답하다.
가슴과 복부가 창만하다.
화를 잘 내며 잠을 잘 자지 못하면서 꿈을 많이 꾼다.
상열감이 있고 땀이 난다.
별다른 이유 없이 비애(悲哀)스럽다.
심한 경우 자제력을 잃거나 지남력을 상실하기도 한다.
월경이 불규칙하고 대변은 변비와 묽은 변이 교차한다.
혀는 홍색이고 설태는 얇거나 황색이면서 번들거리기도 한다.

6) 심비양허(心脾兩虛)형

가슴이 뛰며 숨길이 짧아지고 잠을 잘 이루지 못한다.
상열감이 있으며 땀이 난다.
얼굴이 잘 붓고 식욕이 없으며 무기력하다.

대변이 무르고 하혈을 하기도 한다.
혀는 담백색이고 설태는 얇으며 맥은 가늘거나 부드럽다.

3. 변증시선

1) 신음허

자음보신, 청심강화

(1) 생지황정죽

생지 30g, 황정 30g, 쌀 30g

(2) 선구기즙

신선한 구기자 250g을 즙을 내서 마신다. 1회에 10-20ml 복용한다.

(3) 사삼회산충초돈압

사삼 15g, 동충하초 3g, 구기자 10g, 오리 반 마리를 한 시간 정도 끓인다. 갱년기의 음정휴허, 양기쇠약을 개선시켜 준다.

2) 신양허

자보폐신, 강화잠양

(1) 간강양육탕

간강 50g, 양고기 150g을 끓여서 먹는다.

(2) 부추즙

부추 400g, 설탕 약간, 부추를 면보에 싸서 즙을 낸다.
하루 두 번, 1회 5-10ml 복용한다.

(3) 익지인죽

익지인 5g, 찹쌀 50g, 소금 약간
익지인은 가루를 내고, 찹쌀로 죽을 만들어서 익지인가루를 넣어준다.

소금으로 간을 하고 죽이 끓으면 불을 끈다. 하루 두 번 공복에 복용한다.
☞ 음허혈열에 해당하는 사람은 먹지 않는다.

3) 심혈허

이기보혈, 양심안신

(1) 감맥대조죽

감초 10g, 밀 30g, 대추 15개
감초물을 먼저 낸 뒤에 밀과 대추를 넣고 죽을 만든다.
☞ 연속으로 1개월 정도 복용해 준다.

(2) 백합지황탕

백합 30g, 생지황 15g
이 두 가지 약재를 물에 끓여서 하루에 한 번 복용한다.
☞ 음을 보하고 화를 내린다. 입안이 헌 경우에 효과가 있다.

4) 간기울결

소간이기

(1) 하수오흑두탕

하수오 15g, 검은콩 100g, 대추 20개
위 재료를 물에 끓여서 콩과 탕을 먹는다.
하수오는 간신음허의 중요한 약이다.
검은콩은 대두 중에 단백질 함량이 가장 높다.
활혈, 해독, 이뇨 작용이 있다.

(2) 연근당근탕

연근 300g, 당근 100g, 울금 15g, 돼지갈비 적당량
재료를 잘 다듬고 씻어서 얇게 편을 썰어서 돼지갈비와 함께 끓인다.
신진대사를 돕고 더부룩한 기운을 없애준다.

갱년기종합증

산조인숙지황죽(酸棗仁熟地黃粥)

심음허(心陰虛)로 가슴이 두근거리고 건망증, 불면증이 심하고 잠을 이루지 못하며 현훈(眩暈), 이명(耳鳴) 증상이 있는 갱년기 여성에게 좋다. 자보심음(滋補心陰)에 효과적이다.

| 재료 |

- **식재료** : 멥쌀 200g, 흑미 100g, 소금 1/2작은술, 물 11컵
- **약선재료** : 산조인 20g, 숙지황 5g

| 만드는 법 |

1_ 산조인과 숙지황은 마른 행주를 이용해 먼지만 깨끗이 털어낸다.
2_ 멥쌀과 흑미는 깨끗이 씻고 멥쌀은 30분 정도 불려두었다가 체에 밭쳐 물기를 뺀다.
3_ 냄비에 물 11컵을 붓고 산조인은 갈아서 망에 싸고 숙지황을 넣은 후 중간불에서 40분 정도 끓여 약재를 건져낸다.
4_ 약재 끓인 물 9컵에 불린 쌀을 넣고 처음에는 센 불에서 끓이다가 끓으면 약한 불에서 쌀이 잘 퍼지도록 천천히 저어가며 끓인다.
5_ 4에 소금 간을 하여 그릇에 담아낸다.

| 배합분석 |

산조인은 심장, 간경으로 들어간다. 성미는 평하고 달며 심장을 튼튼하게 하고 간에 유익하다.
심간음혈(心肝陰血) 부족으로 인한 증상, 불면증, 건망증, 가슴이 두근거리거나 꿈이 많고 머리가 어지러우면서 정신이 불안한 사람에게 적합하다.
숙지황은 허약한 증상에 사용하는 대표적인 약으로 혈액을 만들어주는 효능이 있다.
음을 크게 보하고 신장의 정기를 채워준다.
산조인과 숙지황을 배합함으로써 심음(心陰)이 부족한 것을 보하고 음허(陰虛)로 생긴 증상에 도움을 주는 약선이다.

| Tip |

산조인은 산 대추나무 열매를 말하는데, 메 대추를 날로 달여 먹으면 잠을 적게 하여 다면증에 좋고, 볶아서 사용하면 잠을 잘 오게 하는 불면증 치료의 효과가 있다. 과민반응이 있는 사람은 피하는 것이 좋다.
신경안정 작용이 있기 때문에 계속 먹으면 졸릴 수 있으므로 이틀씩 간격을 두는 것이 좋다.

갱년기종합증

삼백초우거지토장국 (三白草乾菜豆醬湯)

양기(陽氣)가 부족한 경우 신장을 보하고 양기를 강하게 한다. 신양(腎陽) 부족으로 몸과 사지가 차고, 허리, 무릎관절이 아프고, 냉통이 있으며 쉽게 피로하고 무력한 사람, 소변을 자주 보거나 요실금 등의 증상이 있는 갱년기 여성에게 적합한 약선이다.

| 재료 |

- **식재료** : 우거지 200g, 두부 100g, 느타리버섯 100g, 양파 50g
- **부재료** : 청 · 홍고추 각 10g, 육수 2컵(다시마 사방 5cm, 국물용 멸치 10g), 대파 3cm, 다진 마늘 1작은술, 고추장 1큰술, 된장 2큰술, 후춧가루 약간, 물 5컵
- **약선재료** : 삼백초 10g

| 만드는 법 |

1_ 삼백초는 먼지를 털어내고 냄비에 물 3컵을 넣고 15분 정도 끓여 체에 밭친다.

2_ 배추는 끓는 물에 데쳐 찬물에 씻은 뒤 물기를 제거하고, 적당한 크기로 잘라 된장, 고추장, 다진 마늘에 조물조물 무쳐 놓는다.

3_ 삼백초 끓인 물 2컵, 육수 2컵, 양념한 얼갈이배추와 길게 찢어 놓은 느타리버섯, 양파 등을 넣어 센 불에서 10분 정도 끓이다가 중불에서 끓인다. 맛이 어우러지면 간을 맞추고, 어슷썰기한 청 · 홍고추, 대파를 넣어 2분 정도 더 끓인다.

| 배합분석 |

삼백초는 동맥경화, 풍독, 이뇨, 고혈압, 습열, 해독, 부종, 각기, 황달, 대하 치료에 좋다.

우거지는 중초를 편안하게 하여 위와 장을 잘 통하게 하고 가슴이 답답한 증상에 효과, 소변을 잘 통하게 한다. 콜레스테롤 억제, 비만, 변비 예방에 좋다.

두부는 중초를 편하게 하고 기운을 도우며 허약하고 기혈(氣血)이 부족한 사람에게 적합하다.

느타리버섯은 기운을 내고 위장을 튼튼하게 하며 건비화담(建脾化痰) 작용, 풍 제거, 경락소통, 혈압, 혈지방 낮추는 효과, 고혈압, 당뇨환자, 비만에 좋다.

| Tip |

음허자나 상화가 있는 사람에게는 좋지 않다.

갱년기종합증

계피오리수육(桂皮白鴨肉水肉)

신체가 허약해서 일어나는 병, 심장, 간(肝)의 혈전을 풀고, 가슴이 답답할 때 효과가 있다. 몸에 멍이 많거나 갱년기종합증, 식은땀, 기운이 부족해서 일어나는 모든 증상에 좋다. 비(脾), 위(胃), 신(腎), 폐(肺)기혈허로 인한 자한(自汗), 수종(水腫), 종양, 당뇨병, 탈창 등에 적합한 약선이다.

재료

- **식재료** : 오리살고기 800g, 마 500g
- **부재료** : 미나리 100g, 부추 100g, 황기약술 500g
- **양념장** : 1) 고추장 3큰술, 식초 1큰술, 파인애플즙 1큰술, 약물 1큰술을 잘 섞는다.
  2) 된장 1큰술, 다진 마늘 1작은술, 참기름 1큰술, 약물 1큰술을 잘 섞는다.
  3) 간장 1큰술, 다진 생강 1작은술, 깨소금 1큰술, 약물 1큰술을 잘 섞는다.
- **약선재료** : 계피 30g, 황기 20g, 산사 10g

만드는 법

1_ 오리를 깨끗하게 손질하여 약술에 재워둔다.
2_ 오리에 계피, 황기, 산사(씨 제거)를 씻어 잠길 정도의 물을 붓고 20분 이상 끓인다.
3_ 미나리, 부추를 씻어서 3cm 정도로 잘라 놓는다.
4_ 마는 껍질을 제거하고 1cm 길이로 얇게 썰어 채를 친다.
5_ 찜기에 마, 부추, 미나리를 순서대로 뱅뱅 돌려 깔아서 준비한다.
6_ 익힌 오리는 살을 3등분으로 나누어서
  1) 1/3은 고추장양념에
  2) 1/3은 된장양념에
  3) 1/3은 간장양념에 버무려서 약재물 위에 올려놓고 김이 오를 때까지 찐다.

배합분석

오리는 성질은 차고 맛은 달며 비, 위, 폐, 신장경으로 들어간다.
자음 작용이 강하고 허증을 보하며 비위를 튼튼하게 하며 이수 작용이 있다.
허약체질이나 몸에 허열이 있는 사람들, 부종, 수종, 갱년기종합증에 도움이 된다.
미나리는 열을 내리고 간 기운을 잘 소통시키는 효능, 이뇨해독 작용이 있다.
황기는 기운을 보하는 효능이 있다.
계피는 몸이 너무 차가워지는 것을 예방하는 효능이 있다.

제9절 비만

비만은 신경, 내분비 계통의 조절 실조로 발생하거나 섭취 열량이 소비 열량보다 많아 지방이 축척되어 발생한다.

비만하면 인슐린 저항성이 높아 당뇨병이 발생하기 쉽고 고지혈증, 동맥경화, 고혈압, 중풍 등을 유발하기 쉽다. 따라서 비만은 조기에 치료해야 한다.

1. 병인 병기

1) 나이가 들어 체력이 쇠퇴하여 발생하는 비만

신장의 기운이 쇠약해진 것과 밀접한 관계가 있다.

신장은 선천지본이면서 수장(水臟)으로 기화 작용과 행수 작용을 한다.

신기가 약해져 수습의 운행이 제대로 되지 않아 담과 어혈이 발생한다.

출산 여성, 폐경기 후의 여성들에게 많다.

습한 탁기가 쌓여 비만이 형성된다.

2) 달고 기름진 음식을 과식하거나 폭식, 폭음으로 발생한 비만

기름지고 느끼한 맛은 비위를 손상시킨다.

수곡의 운화 기능을 약하게 만들어 습한 탁기가 체내에 쌓이게 한다.

기름지고 단 음식은 스스로 습열을 자생하게 하여 몸에 쌓이게 한다.

담을 만들고 담열습탁이 모여 체중을 증가시켜 비만이 된다.

3) 운동 부족에 의한 비만

오래 누워 있거나 앉아 있으면 운동 부족으로 쉽게 비만이 발생한다.

기운이 상하면 기가 허약하게 되고 육이 상하면 비장이 허약하게 된다.

비기가 허약하여 운화 기능이 제대로 되지 않는다.

수곡정미물질을 수포하지 못하고 수습이 정체되어 비만부종을 형성한다.

4) 오래 병을 앓아 정기가 상한 비만

병을 오래 앓으면 기혈음양이 쇠약해진다.

기가 약하고 혈액순환이 무력해지면 양허음한이 내성하게 되어 혈액순환이 느려진다.

담(痰), 어(瘀), 습탁(濕濁)이 내생하여 비만을 형성한다.

5) 스트레스에 의한 비만

오장은 모두 신을 저장하고 있는데 정서가 오장의 기능에 영향을 미친다.

예를 들면, 근심은 폐를 상하고, 화를 내면 간이 상하고, 생각을 많이 하면 비장이 상하며, 기뻐하면 심장이 상하고, 놀라면 신장이 상한다.

이렇게 정서적인 면이 오장의 기능을 실조시켜 장부의 기기(기의 운동)에 영향을 끼쳐 수곡운화가 무력해져 수습이 정체되고 담, 습이 모여 비만을 형성한다.

6) 유전인자에 의한 비만

비만은 가족력과 밀접한 관계를 갖고 있다.

양열 체질, 위열편성 체질, 식욕항진 체질, 식사량이 많은 체질, 비장의 운화기능이 약한 체질 등은 지방과 담, 습이 몸에 쉽게 쌓여 비만이 된다.

2. 병기 특징

비만병 부위는 주로 비장의 기육(肌肉)이지만 신장의 기허와 밀접한 관계를 가지고 있다. 양기가 쇠약하면 담습이 성해져 비만이 될 수 있다.

비장의 기운이 허약하면 운화 기능이 무력해져 수곡의 물질을 잘 보내지 못해 비만이 된다. 즉 혈액의 순환이 약하거나 수액의 기화작용이 약하여 비만이 된다.

간담의 소설 기능이 약해 기운이 정체되는 것과 심장 기능 실조와도 밀접한 상관이 있다.

병의 특성은 본허표실(本虛表實)로 본, 허는 신비기허 혹은 심폐기허이다.

표, 실은 담탁고지(痰濁膏脂) 위주이며 수습, 혈어, 기체에 해당한다.

본병의 병변 과정 중에 병기는 자주 바뀐다.

1) 허실의 전화다

(1) 식욕 항진

기름지고 단 음식을 과식하여 습탁이 몸에 쌓이면 고지혈이 되며 습탁이 열로 변해 위에 열이 나고 비장이 정체되어 비만이 된다.

(2) 장기적으로 음식이 절제되지 않을 때

비위가 손상되고 운화 기능이 허약해진다. 심해지면 비장의 병이 신장에 영향을 주어 비장과 신장이 모두 약해진다. 그래서 실증에서 허증으로 전환되는 것이다.

(3) 비허가 오래되어 운화 기능이 약해질 때

습탁이 안에서 생겨나며 기운의 소통을 방해하여 간 기운을 울결시켜 기운이 뭉쳐 혈어가 된다.

(4) 비허가 신허를 만들어 신양이 허약해질 때

기화 작용이 약해 수액이 잘 운행되지 못해 수습이 안에서 피부로 범람하여 경락에 쌓여 비만이 가중된다.

이것이 실증이 허증으로 전화되고 허증이 실증으로 전화되는 것이다.

2) 병리산물 간의 전화다

담습이 오래 안에 쌓여 있으면 기혈운행이 방해를 받고 기체나 어혈이 나타난다.

기체, 담습, 어혈이 오래되면 열로 변화하여 울열(鬱熱), 담열, 습열, 어혈(瘀血) 등이 된다.

3) 비만이 오래되면 다른 병변을 일으킨다

당뇨, 고혈압, 현훈, 흉비, 중풍, 비증(痹證), 동맥경화 등으로 전환된다.

3. 약선의 주의사항

1) 당분이 많거나 지방이 많은 음식은 피한다

(1) 당질, 지방이 많은 음식

인체의 조직, 피하층에서 지방으로 전화되어 비만하게 된다.

(2) 고단백음식

지방으로 변하기는 쉽지 않다.

따라서 당분이 많거나 지방이 많은 음식을 피해야 한다.

2) 섬유질이 많은 음식을 많이 먹으면 좋다

섬유질은 식품 중 당질의 흡수를 느리게 한다.

그리고 위에서 포만감을 주어 식사량을 줄일 수 있다.

섬유소는 가용성 섬유소와 불용성 섬유소로 나눈다.

(1) 불용성 섬유소

보리, 밀기울, 연맥 등 도정하지 않은 곡물과 콩류에 많다.

(2) 가용성 섬유소

과일, 채소 등에 많다.

3) 저녁식사를 적게 해야 한다

(1) 오전 식사

오후의 식사에 비해 체중에 영향을 적게 미친다.

(2) 인체의 혈중 인슐린

저녁에 가장 많이 분비된다.

인슐린은 혈당을 지방으로 전환시켜 복부에 저장시킨다.

(3) 저녁식사를 많이 할 때

혈당이 많아진다.

특히 수면 시에는 혈류의 속도가 저하되어 지방으로 전환되어 화가 많아져 살이 찌게 된다.

저녁식사는 양을 적게 하고 섬유질 많은 해조류, 채소류를 먹어 비만을 예방한다.

4) 식초를 많이 먹어라

(1) 현대 연구

식초 중에 들어 있는 아미노산은 체내 지방을 분해시키고 지방, 단백질의 신진대사를 원활하게 하여 비만을 예방한다.

(2) 식초

소화 불량이나 위산이 결핍된 노인들에게 생진개위(生津開胃) 작용을 하여 소화력을 증강시킨다.

(3) 위, 장에 살균 작용

식품 중의 칼슘, 인, 철분 등 유기물을 용해시켜 영양 가치를 높인다.

(4) 지방이 많은 식물

느끼한 성질은 저하시키고 비타민 C의 파괴를 막는다.

4. 변증시선

1) 위장에 열이 많아 비장에 영향을 준다

(1) 증상

음식을 많이 먹고 배가 빨리 고프며 배가 창만하다.

얼굴색이 붉고 윤택하며 입은 마르고 쓰다.

가슴이 답답하고 어지러우며 위완부에 타는 느낌의 통증이 있다.

밥을 먹고 나면 편해진다. 대변이 건조하고 소변은 노랗다.

혀는 붉고 설태는 노랗고 지저분하다.

(2) 치료 원칙

위장의 열과 화를 내리고 비장을 튼튼하게 한다.

(3) 약선

① 죽순탕

㉠ 재료 : 죽순 200g, 은이 10g, 계란 1개, 소금 적당량

㉡ 만드는 법

죽순, 은이 버섯은 물에 담가 불린다. 계란은 깨뜨려 저어서 준비한다. 물을 끓이다 계란을 넣고 저어주다 죽순, 은이버섯을 넣고 간을 맞추어 완성한다.

㉢ 분석

죽순은 달고 찬 성질이 있으며 폐, 위경으로 들어간다.

청열화담(淸熱化痰) 작용, 횡격막과 위를 잘 통하게 하는 효능이 있다.

은이버섯은 양위생진(養胃生津) 작용이 있다.

계란은 자음청열(滋陰淸熱) 작용이 있다.

② 하엽죽

㉠ 재료 : 생하엽 1장, 쌀 100g, 빙탕 약간

㉡ 만드는 법

하엽을 깨끗이 씻어 3cm 크기로 잘라 물에 넣고 15분 정도 삶아 약물을 만든다. 다른 솥에 쌀을 넣고 하엽물을 넣고 끓여 죽을 만든다.

㉢ 분석

하엽은 맛은 쓰고 떫으며 성질은 평하고 청서거습(淸暑祛濕), 승발청양(昇發淸陽) 작용이 있다. 쌀은 오장을 보하므로 두 가지가 배합되어 청화습탁(淸化濕濁) 작용을 하면서 비위를 상하지 않게 한다.

2) 비장이 허약하여 운화 기능을 제대로 하지 못한다

(1) 증상

뚱뚱하며 몸이 자주 붓고 피로하고 신체가 모두 무겁다.

가슴과 배가 창만하다.

사지가 부으며 아침에는 조금 가벼우나 저녁이 되면 심해진다.

노동을 하고 나면 심해지고 음식은 보통 적게 먹는다.

과거에 폭식, 폭음을 한 경험이 있다.

소변이 잘 안 통하고 변이 묽거나 변비가 발생한다.

혀는 담백하고 크며 주변에 치흔(齒痕)이 있다.

(2) 치료 원칙

비장을 튼튼하게 하고 기운을 보하며 수액대사를 활발하게 한다.

(3) 약선

① 동아죽

㉠ **재료**

동아 250g, 쌀 100g

㉡ **만드는 법**

동아를 잘게 썰어 쌀과 함께 솥에 넣고 물을 부어 죽을 끓인다.

㉢ **분석**

동아는 성질이 차고 달고 담백한 맛, 비, 위, 대장경으로 들어간다. 청열이습삼습(淸熱利濕滲濕) 작용이 있다. 쌀은 비위를 보하고 신체를 튼튼하게 한다.

② 삼령죽

㉠ **재료**

만삼 20g, 백복령 20g, 생강 3g, 쌀 100g

㉡ **만드는 법**

만삼, 복령은 물에 30분 정도 담근다.

물에 넣고 두 번 끓여 약즙을 만든다.

쌀에 약즙을 넣고 죽을 끓인다.

㉢ **분석**

만삼은 비위를 튼튼하게 하고 원기를 보한다.

백복령은 비장을 유익하게 하며 삼습(滲濕) · 이수(利水) 작용이 있다.

생강은 위(胃)를 따뜻하게 하면서 이수 작용이 있다.

③ 사신분(四神粉)두부조림

㉠ **재료**

두부 300g, 죽순 30g, 당근 30g, 율무 20g, 표고 10g, 사신분 10g(산약, 검인, 복령, 연자), 대파, 간장, 청주 적당량

㉡ **만드는 법**

두부를 적당한 크기로 잘라 기름에 한 번 튀겨 준비한다. 나머지 재료를 주재료의 크기와 모양으로 잘라 양념과 함께 팬에 넣고 조린다.

㉢ **분석**

건비청열, 소화촉진 작용, 온화평보, 식욕 개선, 설사 멈춤, 불필요한 습 제거, 비장의 기능을 활발하게 하여 비위가 허약한 비만자에게 적합한 약선이다.

3) 담의 탁한 기운이 안에 쌓여 있는 형태

(1) 증상

형체가 성하고 체격이 뚱뚱하며 몸이 무겁고 사지에 권태감이 있다.

가슴이 비만(痞滿)하고 담연(痰涎)이 융성하다.

어지럽기도 하고 토하고 싶지만 토해지지 않는다.

입이 마르지만 물은 먹고 싶지 않다.

기름지고 느끼한 음식이나 술을 좋아한다.

정신이 피로하고 눕고 싶다.

설태는 하얗고 지저분하다.

(2) 치료 원칙

담과 습을 제거한다.

(3) 약선

① 진피음

㉠ **재료**

진피 10g, 행인 10g, 수세미 10g, 설탕 약간

㉡ **만드는 법**

위의 재료를 깨끗이 씻어서 적당량의 물을 넣고 20-30분 정도 끓인 후 걸러서 설탕을 타서 음료로 마신다.

㉢ **분석**

진피는 화담거습(化痰祛濕) 작용이 있다.

행인은 개선행기(開宣行氣) 작용이 있다.

수세미는 화담거풍(化痰祛風) 작용이 있다.

② 율무행인죽

㉠ **재료**

율무 30g, 행인 10g, 빙탕 약간

㉡ **만드는 법**

율무는 씻어서 불리고 행인은 껍질을 벗기고 빙탕을 부숴서 준비한다.

먼저 율무를 솥에 넣고 적당한 양의 물을 붓고 중불에 끓인다.

반 정도 익었을 때 행인을 넣고 다 익으면 빙탕(氷糖)을 넣어 먹는다.

㉢ **분석**

율무는 건비거습(建脾祛濕) 작용이 있다.

행인은 선폐기(宣肺氣) 작용이 있다.

서로 합해서 화담(化痰) 작용이 좋아진다.

4) 비장과 신장이 모두 허약한 형태

(1) 증상

몸이 비대하고 얼굴에 부종이 자주 나타나고 정신이 피로하고 눕고 싶다.

기운이 없고 무력감이 심하다.

배는 창만하고 변은 묽으며 식은땀이 난다.

천식기가 조금 있으며 움직이면 심하고 형체가 차게 보이고 손발이 차다.

하지에도 부종이 있고 소변은 아침에는 적고 밤에 자주 본다.

혀는 담백하고 크며 설태는 하얗고 얇다. 맥은 깊고 가늘다.

(2) 치료 원칙

비장과 신장을 따뜻하게 하여 보하고 수액대사를 활발하게 한다.

(3) 약선

① 잉어탕

㉠ **재료**

잉어 1kg, 비파 5g, 화초 15g, 생강 · 향채 · 청주 · 대파 · 식초 약간

㉡ **만드는 법**

잉어는 내장을 제거하고 깨끗이 씻어 준비하고 생강, 대파는 잘게 썬다. 비파, 잉어, 생강, 대파를 솥에 넣고 센 불에 가열하다 중불로 낮추어 40분 정도 끓인다. 나머지 양념을 넣어 먹는다.

㉢ **분석**

잉어는 평하고 맛은 달며 피로를 풀고 이수소종(利水消腫) 작용이 있다.

비파와 화초는 온보비위(溫補脾胃) 작용이 있다.

생강은 온위이수(溫胃利水) 작용이 있다.

② 새우오이볶음

㉠ **재료**

보리새우 200g, 오이 1개, 대파 1대, 계란 흰자 · 연근가루 · 소금 · 기름 약간

㉡ **만드는 법**

오이는 적당한 크기로 자르고 대파는 1cm 크기로 자른다.

계란 흰자와 연근가루를 새우에 입힌다.

튀김기름에 넣고 적당하게 익히다 오이와 대파를 넣고 다시 익힌다.

다른 솥에 기름을 두르고 새우, 오이, 대파, 닭육수를 넣고 볶는다.

연근가루를 뿌려 저어주고 마지막으로 참기름을 뿌려 완성한다.

ⓒ **분석**

새우는 따뜻한 성질로 신장을 보한다.

오이는 찬 성질로 비위대장경으로 들어가며 청열이수(淸熱利水) 작용, 윤장통변 작용이 있다.

5. 비만에 좋은 식품

1) 비만과 어혈을 겸한 사람에게 좋은 식품

(1) 기체가 심한 사람

울금, 후박, 진피, 내복자

(2) 간담에 열이 많은 사람

용담초, 치자, 황금

(3) 습열이 많은 사람

금전초, 택사, 인진쑥, 치자

2) 비만에 좋은 식품

동과, 생선류, 해초류, 오이, 무, 버섯류, 옥수수, 배추, 두부, 차잎, 콩나물, 산약, 하엽, 복령, 산사, 토끼고기, 셀러리, 토마토, 팥, 율무, 다시마

3) 비만에 좋은 약재

하수오, 하엽, 옥미수, 토사자, 구기자, 옥죽, 지황, 산사, 내복자, 치자, 방기, 택사, 복령, 저령, 시호, 국화, 인진쑥, 대황, 여정자, 한련초, 창출, 백출, 백편두, 영지, 하고초, 삼릉, 단삼, 결명자, 번사엽, 동과피, 차전자, 시호

비만증

구기자곤드레밥(枸杞子大薊菜飯)

이뇨 작용이 있어 부종이나 수종에 좋고 몸에 쌓여 있는 중금속 성분을 배출하며 칼로리가 낮아 다이어트 식품으로 효과적이다. 간세포의 기능을 활발하게 하여 황달이나 간경화에 좋은 약선이다.

재료

- **식재료** : 건곤드레 100g, 찹쌀 90g, 멥쌀 270g, 다시마 10g, 들기름 2큰술, 국간장 2큰술
- **양념장** : 달래 10g, 양파 5g, 청양고추(청 · 홍) 각 5g, 국간장 2큰술, 산야초효소 1큰술, 고춧가루 1작은술, 참기름 1작은술, 들기름 1작은술, 깨소금 1작은술
- **약선재료** : 구기자 10g, 대추 20g

만드는 법

1_ 찹쌀과 멥쌀은 깨끗이 씻어 30분간 물에 불려둔다.
2_ 곤드레나물은 쌀뜨물에 10분간 삶아 2시간 정도 물에 우린 후 먹기 좋은 크기로 잘라 국간장, 들기름으로 밑간을 해둔다.
3_ 냄비에 물 3컵을 넣고 끓이다가 다시마를 넣고 10분 후에 불을 끈다.
4_ 솥에 들기름으로 양념한 곤드레나물을 깔고 그 위에 쌀과 다시마 육수를 붓고 밥을 짓는다.
5_ 밥이 뜸 들을 때 구기자와 씨를 뺀 대추를 4등분해서 넣어준다.
6_ 양념장을 곁들인다.

배합분석

곤드레나물은 지혈, 소염, 해독, 소종, 해열 작용이 있다.
쌀은 곤드레의 효과를 보면서 쌀의 섭취를 줄여 다이어트 효과가 있다.
대추는 곤드레의 약간 쓴맛을 제거하며 기혈은 보한다.

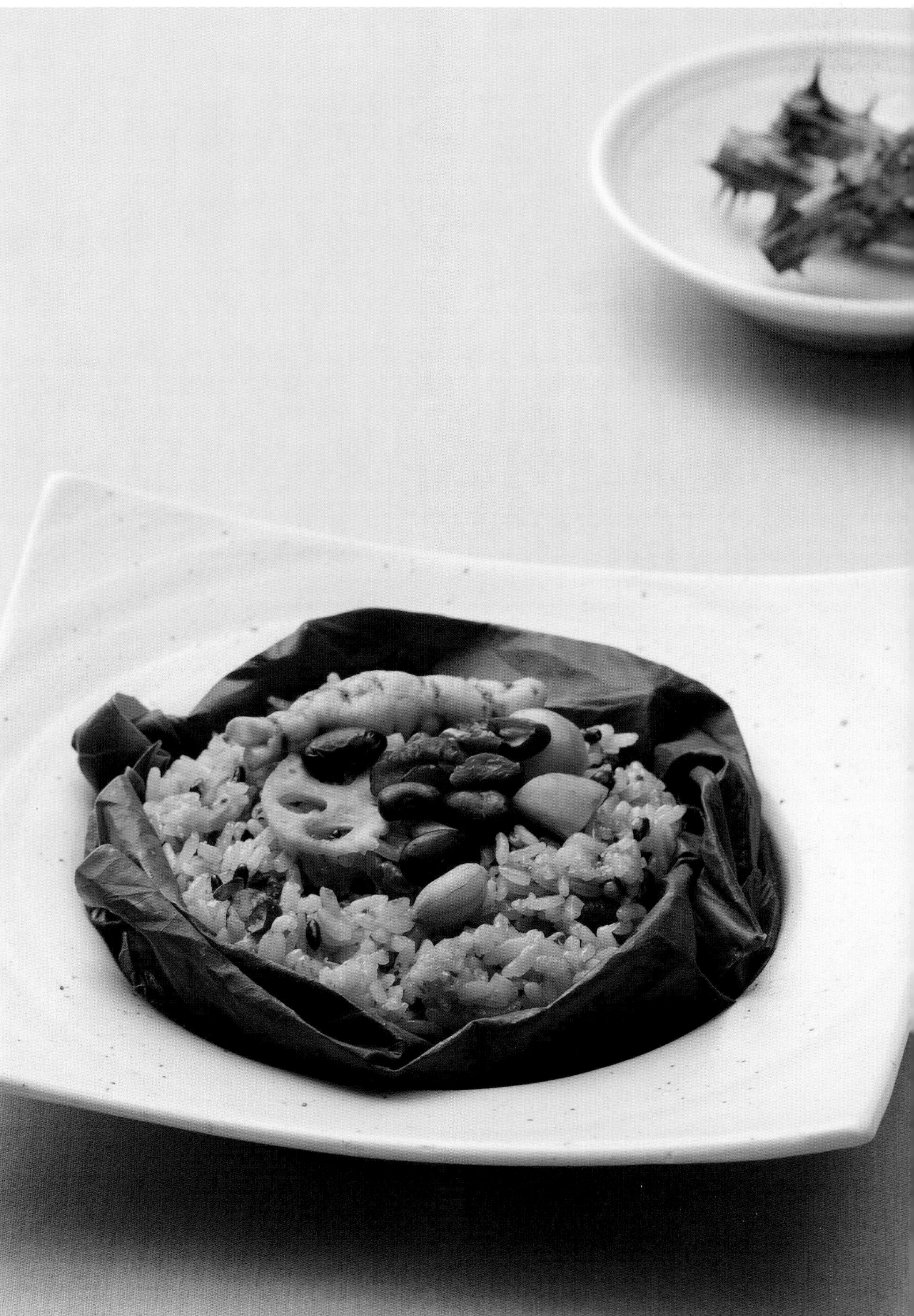

비만증

연잎하수오밥(蓮葉何首烏飯)

기운이 부족하여 수액대사가 제대로 되지 않아 생기는 비만이나 신장의 정혈 부족으로 체력이 약한 어르신들이나 노화가 일찍 오는 사람들에게 효과가 있는 약선이다.

재료

- **식재료** : 찹쌀 90g, 멥쌀 10g, 흑미 2g
- **부재료** : 서리태 10g, 밤 3개, 은행 5개, 연근 5g, 대추 3개, 땅콩 2g, 연잎 1장
- **약선재료** : 하수오 10g, 구기자 15g, 오가피 10g

만드는 법

1_ 오가피, 하수오, 구기자에 물 2컵을 넣고 1컵이 되도록 끓인다.
2_ 찹쌀, 멥쌀, 흑미를 씻어 약재물에 30분간 담가 불린다.
3_ 은행은 볶아서 속껍질을 제거하고 서리태는 30분간 불려서 준비한다.
4_ 불린 재료에 밤, 땅콩, 대추를 넣고 약간의 소금을 넣어 밥을 한다.
5_ 익혀진 재료에 잘게 썬 하수오, 연근, 구기자를 넣고 연잎에 싸서 15분간 찐다.

배합분석

연잎은 간 해독을 촉진시키는 단백질, 지질, 당질의 함량이 많고 빈혈 예방 효과도 좋다.
하수오는 성질이 따뜻하고 쓰고 달다. 간, 심장, 신장경에 속하고 양혈(養血), 거풍(祛風) 작용을 한다. 간, 신장을 보하며 정혈을 돕는다.
구기자는 성질은 평하고 맛은 달다. 간, 신장경에 들어간다.
음양으로 평보(平補), 허로(虛勞)를 보하고 강근골(强筋骨), 보혈, 보익, 양간명목(養肝明目), 간허열(肝虛熱), 간을 윤택하게 하고 정기를 보하며 소갈병에 효과가 있다.

Tip

약밥은 연잎에 싸서 찌기 때문에 처음 밥을 지을 때 뜸이 들자마자 바로 꺼내 연잎에 싸서 쪄야 수분 손실이 적다. 약밥을 찔 때 소금물을 흩뿌려야 간이 고루 밴다.
각기의 재료 넣는 순서를 잘 맞추어야 골고루 익혀진 상태에서 제대로 맛을 낼 수 있다.

비만증

감비묵밥 (減肥橡實乳飯)

기가 약하여 몸이 붓거나 살이 찌는 사람에게 기를 올려 감비와 습을 제거하는 효능이 있는 약선으로 체중 조절에 좋다.

재료

- **식재료** : 도토리묵 400g, 곤약 100g, 닭뼈 500g, 묵은지 20g, 동치미육수 4컵
- **부재료** : 양배추, 비타민, 무순, 새싹, 모듬베이비순 각 40g, 들깨가루 40g
- **육수 재료(4컵)** : 닭뼈 400g, 다시마(사방 5cm), 대파 150g, 양파 100g, 매실효소 2큰술
- **약선재료** : 율무 30g, 황기 30g, 하엽 20g, 옥수수 수염 20g, 산사 20g

만드는 법

1_ 도토리묵과 곤약은 모양대로 6cm 길이의 막대 형태로 길게 썬다.
2_ 율무, 황기, 하엽, 옥수수 수염은 깨끗이 씻은 후 각각 육수망에 담아 끓인 후 걸러서 약물을 30분간 달인다.
3_ 핏물을 뺀 닭뼈에 다시마, 양파, 산사, 대파를 넣고 끓인다.
4_ 준비해 놓은 재료들을 그릇에 가지런히 담는다.
5_ 4의 육수를 거른 후 준비해 놓은 동치미육수와 매실효소를 섞는다.
6_ 들깨가루로 장식한다.
7_ 기호에 따라 식초나 겨자를 만들어 준비한다.

배합분석

도토리묵은 성질은 따뜻하고 맛은 쓰며, 떫고 독이 없다. 장기를 수렴하고 탈락하는 기를 고정시키는 효능이 있다.

황기는 기를 돋우며 체내 수분을 원활하게 조절하여 붓기를 제거한다.

율무는 비(脾), 위(胃), 폐(肺)경에 귀속되며, 비장을 건강하게 하며, 습의 정체를 원활하게 돌려 붓기를 제거한다.

하엽은 허한 비장을 도우며 살찐 것을 감하게 한다.

옥수수 수염은 맛은 달고 담담하며 이수소종(利水消腫) 효능이 있어 수분을 배출시켜서 부종을 없앤다.

산사는 소화를 도우며 또한 위를 건강하게 하며 기를 돌려 뭉친 혈을 풀어준다.

다시마(곤포)는 미네랄이 풍부해 부종과 변비를 막고 신진대사를 원활하게 한다.

비만증

옥미수황태떡국 (玉米鬚黃太米糕湯)

습을 제거하고 뭉친 것을 풀어주며 평소에 얼굴이나 몸이 자주 붓는 사람에게 좋다. 산성 음식을 많이 섭취하는 사람, 당뇨병, 심장질환이 있는 사람, 살이 많이 찐 사람에게 좋다. 간 질환이 있거나 갑상선항진증, 임파 계통에 질환이 있는 사람에게도 좋은 약선이다.

재료

- **식재료** : 떡국떡 400g, 황태 100g, 굴 100g, 무 100g
- **부재료** : 달걀 70g, 대파 100g, 다진 마늘 20g, 다시마 10g, 조선간장 1작은술, 새우젓 1작은술, 참기름 1작은술, 물 2L
- **약선재료** : 옥수수 수염 20g, 하엽 20g, 흑지마 5g

만드는 법

1_ 황태는 잘게 찢어서 깨끗하게 씻어 놓는다.
2_ 굴은 소금물에 껍질과 이물질을 씻어 건져 헹군 후 물기를 뺀다.
3_ 옥수수 수염, 하엽은 씻어서 1L의 끓인 물에 30분간 우려 약물을 준비한다.
4_ 냄비에 참기름을 두르고 마늘과 굴을 넣고 살짝 볶는다.
5_ 떡국떡은 찬물에 10분 정도 담갔다가 건진다.
6_ 무는 1/4토막으로 잘라 놓는다.
7_ 대파 70g은 5cm 크기로 자르고 30g은 어슷썰기를 한다.
8_ 황태육수는 머리, 뼈, 껍질을 넣고 1L의 물에서 10분간 끓이고 6의 무와 5cm로 자른 대파를 넣고 10분간 더 끓이다가 불을 끄고 다시마를 넣고 5분간 우린 후 다시마와 무는 건져서 가늘게 채 썬다.
9_ 달걀은 흰자와 노른자를 분리하여 각각 지단을 붙여 마름모로 썬다.
10_ 황태육수, 약물, 조선간장을 넣어 끓으면 떡국떡을 넣고 한 번 더 끓인 후 볶은 굴, 어슷썰기한 대파, 다진 마늘, 새우젓을 넣고 간을 맞춘 다음 채친 다시마, 무, 흑지마, 참기름을 넣고 불을 끈다.

배합분석

옥수수 수염은 이수소종(利水消腫), 이습(利濕), 혈당을 낮추는 효능이 있다.
황태는 열을 내려주고 해독 작용이 강하며 간 기능을 활발하게 도와주고 이뇨 작용이 있다. 진통 작용, 숙취 제거, 알레르기 체질개선 등에 효과가 있다.
하엽은 소변을 잘 통하게 하며 수종이나 혈청 지방을 낮추는 효능이 있다.
무는 소화를 돕고 기운을 아래로 잘 내려가게 하며, 갈증해소 효능이 있다.
굴은 기혈을 보하는 작용으로 사하면서 보하는 효과가 있다.

제10절 숙취 해소

숙취란 음주 과다로 인한 급성주정 중독 상태를 말한다.

주정이 대뇌피질의 기능을 마비시켜 머리가 아프고 다리에 힘이 없다.

심하면 기억을 하지 못하게 된다.

다음날 속이 쓰리고 거북하며 머리가 무겁고 구토증이 나기도 한다.

1. 숙취 해소 원칙

숙취를 해소하기 위한 약선은 청열(淸熱), 생진(生津), 지갈(止渴), 화담(化痰)이며 금기사항은 기름이 많은 음식, 매운 음식, 열성 음식, 건조한 음식은 먹으면 안 된다.

2. 숙취 해소를 위한 약선

1) 지구자연포탕

연포탕은 산낙지를 넣어야 국물맛이 시원하며 말린 박고지가 들어가는 것이 특징이다.

2) 평위해장국

선지해장국에 평위산을 넣어 만든다.

3) 헛개나무북엇국

숙취 해소에 좋은 북엇국에 헛개나무를 넣어 효능을 강화시켰다.

4) 갈화선짓국

선지해장국에 칡꽃을 넣어 주독(酒毒)을 빠르게 풀어준다.

3. 숙취에 좋은 식품

무, 백편두, 수박, 동과, 조개, 감, 우렁, 배, 꿀, 바나나, 셀러리, 국화, 배추심, 쌀뜨물, 녹두, 팥, 진피, 사과, 연근, 은행, 오매, 사인, 고삼, 갈근, 갈화, 죽여, 지구자, 육두구, 결명자, 오배자, 지위, 황금, 황연, 신곡

4. 숙취 해소법

① 음주 전 감을 한 개 정도 먹는다.
② 음주 전후에 꿀을 타서 먹는다.
③ 무즙에 홍탕을 타서 먹는다.
④ 음주 후 바나나 3, 4개를 먹는다.
⑤ 음주 후 동과탕을 끓여 먹는다.
⑥ 음주 후 배, 무, 사과, 쌀을 갈아 먹는다.
⑦ 음주 후 우유를 마신다.
⑧ 갈근화 10-15g 정도를 물에 끓여서 먹는다.
⑨ 갈근 30-60g을 물에 끓여 마신다.
⑩ 셀러리즙을 짜서 먹는다.
⑪ 녹두 40-50g, 감초 9-10g을 홍탕을 넣어 끓여 마신다.
⑫ 술 마신 후 구토증상이 있을 땐 생강을 입에 물고 있으면 좋다.
⑬ 찬물에 소금을 약간 넣어 마신다.
⑭ 수박 200-300g을 갈아서 마신다.

숙취 해소

헛개나무열매연포탕(枳椇子軟泡湯)

이뇨 작용과 기혈순환을 촉진시켜 숙취를 해소하며 횡격막 위의 열을 제거하여 혈압을 낮추고 갈증을 해소하며 오장을 윤택하게 한다.

재료

- **식재료** : 산낙지 300g, 콩나물 80g, 미나리 40g, 박고지 10g
- **부재료** : 새송이버섯 40g, 대파 40g, 마늘 10g, 다시마 10g, 청 · 홍고추 각 10g, 건고추 2g, 연겨자 1큰술, 국간장 1큰술, 참기름 1작은술, 소금 1작은술
- **국물용** : 멸치 20g, 마른 새우 10g, 마늘 10g, 다시마 4g, 생강 4g
- **약선재료** : 헛개나무열매 20g

만드는 법

1_ 전골냄비에 물을 붓고 건고추, 국물용 재료를 씻어 담가서 10분간 끓인 다음 헛개나무열매를 넣고 15분 정도 끓여 체에 밭친다.

2_ 박고지는 물에 불려 5cm로 자른다.

3_ 콩나물, 미나리, 새송이버섯은 손질하여 길게 썰어 놓는다.

4_ 홍고추, 풋고추는 반으로 가르고 씨를 털어내어 채 썬다.

5_ 1의 물이 끓으면 2, 3, 4의 재료를 넣고 끓이다 미나리를 나중에 넣는다.

6_ 5에 산낙지를 넣고 낙지가 익으면 먹물이 터지지 않도록 조심하여 다리 부분을 먼저 먹는다.

7_ 머리 부분은 오래 끓여 먹물이 익으면 가위로 잘라 먹는다.

배합분석

낙지는 성질이 차고 맛은 달고 짜다. 비장경으로 들어가며 익기양혈(益氣養血), 수렴생기(收斂生肌) 작용. 기혈이 모두 부족하고 영양이 불량한 사람에게 좋으며 피부가 건조하거나 거친 사람의 피부를 윤택하게 하는 작용이 있다.

헛개나무열매는 성질은 평하고 맛은 달고 시다. 이수소종(利水消腫), 주독(酒毒)을 풀어주는 효과가 있어 숙취 해소와 갈증을 풀고 횡격막 위의 열을 내리는 작용이 있다.

미나리, 콩나물, 박속은 성질은 차고 맛은 달며 쓰다. 위, 간경으로 들어가며 청열(淸熱), 평간(平肝), 이뇨(利尿), 건위(建胃), 강혈압(降血壓), 강혈지(降血脂), 습열(濕熱)을 제거하고 숙취 해독 작용이 있으며 콩나물, 박속이 배합되어 신진대사를 원활하게 하고 위를 편하게 하며 혈압을 낮춘다.

피부 미용

생강연어냉채 (生薑鰱魚冷菜)

피부를 윤택하게 하고 비위를 튼튼하게 하며 기운을 만들어주고 습을 제거하는 효능이 있으며 수액대사를 원활하게 한다. 따라서 임신 부종이나 영양불량성 수종에 효과가 있고 특히 피부미용에 많은 도움이 된다.

| 재료 |

- **식재료** : 훈제연어 200g, 양상추 80g, 방울토마토 50g, 제철 어린잎 채소 20g
- **냉채양념** : 양파 20g, 레몬즙 3큰술, 호상요구르트 1/2개, 식초 1큰술, 설탕 1큰술
- **약선재료** : 생강(초절임) 20g

| 만드는 법 |

1_ 연어와 방울토마토는 먹기 좋은 크기로 썰어준다.
2_ 채소는 깨끗이 씻어 물기를 빼고 먹기 좋은 크기로 준비한다.
3_ 양파 껍질을 제거하고 곱게 다진다.
4_ 다진 양파에 레몬즙, 호상요구르트, 식초, 설탕을 넣어 잘 섞어준다.
5_ 접시에 채소와 연어, 생강 초절임을 보기 좋게 담고 양념을 뿌려준다.

| 배합분석 |

연어는 비경(脾經), 폐경(肺經)으로 들어간다. 온중익기(溫中益氣)로 중초를 따뜻하게 하고 소화 기능이 허하고 속이 찬 체질에 좋다. 설사가 있을 때나 식욕부진에 좋다. 피부를 윤기 있게 하고 피부가 건조한 사람에게 좋다.
생강은 중초를 따뜻하게 해서 찬 것을 제거하고 양기를 회복시킨다.
소화기가 냉하여 설사하는 사람이 식용하면 좋다.

| Tip |

냉채용 채소는 향이 강하지 않은 어린잎 채소가 좋으며, 찬물에 담가 아삭아삭한 식감을 살려주면 좋다.

피부 미용

구기자버섯굴밥 (枸杞子香菇石花飯)

심혈부족으로 인한 번열이나 불면증에 좋고, 심신을 안정시킨다. 동맥경화, 고지혈증, 심장병에도 효과가 있다. 피부를 윤택하게 하고, 머리가 일찍 희어지는 사람, 피부가 마르고 건조한 사람이 식용하면 좋다.

재료

- **식재료** : 불린 쌀 400g, 굴 200g, 김 20g
- **양념장** : 간장 3큰술, 다진 부추 1큰술, 다진 파 1 큰술, 다진 양파 1큰술, 참기름 1/2작은술, 깨소금 1작은술, 다진 청양고추 1작은술
- **버섯양념** : 간장 1작은술, 참기름 1/2작은술
- **약선재료** : 구기자 20g, 건표고버섯 10g, 대추 10g

만드는 법

1_ 쌀은 씻어서 밥 짓기 30분 전에 불린다.
2_ 굴은 껍데기를 골라내고 연한 소금물에 깨끗이 씻어서 물기를 뺀다.
3_ 대추는 씨를 제거하고 채 썬다.
4_ 건표고버섯은 불려서 채 썰어 간장, 참기름으로 밑간을 한다.
5_ 구기자 20g에 물 4컵을 넣고 20분간 끓여서 체에 밭쳐둔다.
6_ 솥에 불린 쌀을 넣고 구기자 달인 물을 1⅔컵 넣어 끓인다. 끓기 시작하면 대추채와 표고버섯을 넣고 끓이다가 밥물이 없어지면 굴을 넣고 뜸을 들인다.
7_ 양념장을 만든다.
8_ 마른 김을 불에 구워 밥을 싸먹기 적당한 크기로 썬다.
9_ 밥을 살살 섞어 푸고 양념장을 넣고 비벼서 김에 싸 먹는다.

배합분석

굴은 음(陰)과 혈(血)을 자양(慈養)시켜 오장을 보하고, 피부를 윤기 나게 한다.
구기자는 신(腎)을 보하고 정(精)을 자양(滋養), 간(肝)을 자양(滋養)시켜 눈을 밝게 하고 피부를 윤택하게 하고 노화방지, 노인 신체쇠약에도 좋다.
표고버섯은 해독 · 항암 작용, 어린이의 피부 발진, 성인병에 좋다. 김, 버섯, 굴을 같이 먹으면 근시에 좋고 사물이 겹쳐 보이는 증상에 좋다.

Tip

굴은 연한 소금물에 껍데기와 모래를 깨끗이 씻는다.
이때 굴이 부서지지 않도록 주의해야 하며, 물을 여러 번 갈아주며 씻으면 굴맛이 없어진다. 밥이 뜸들기 전에 굴을 살살 올린다.

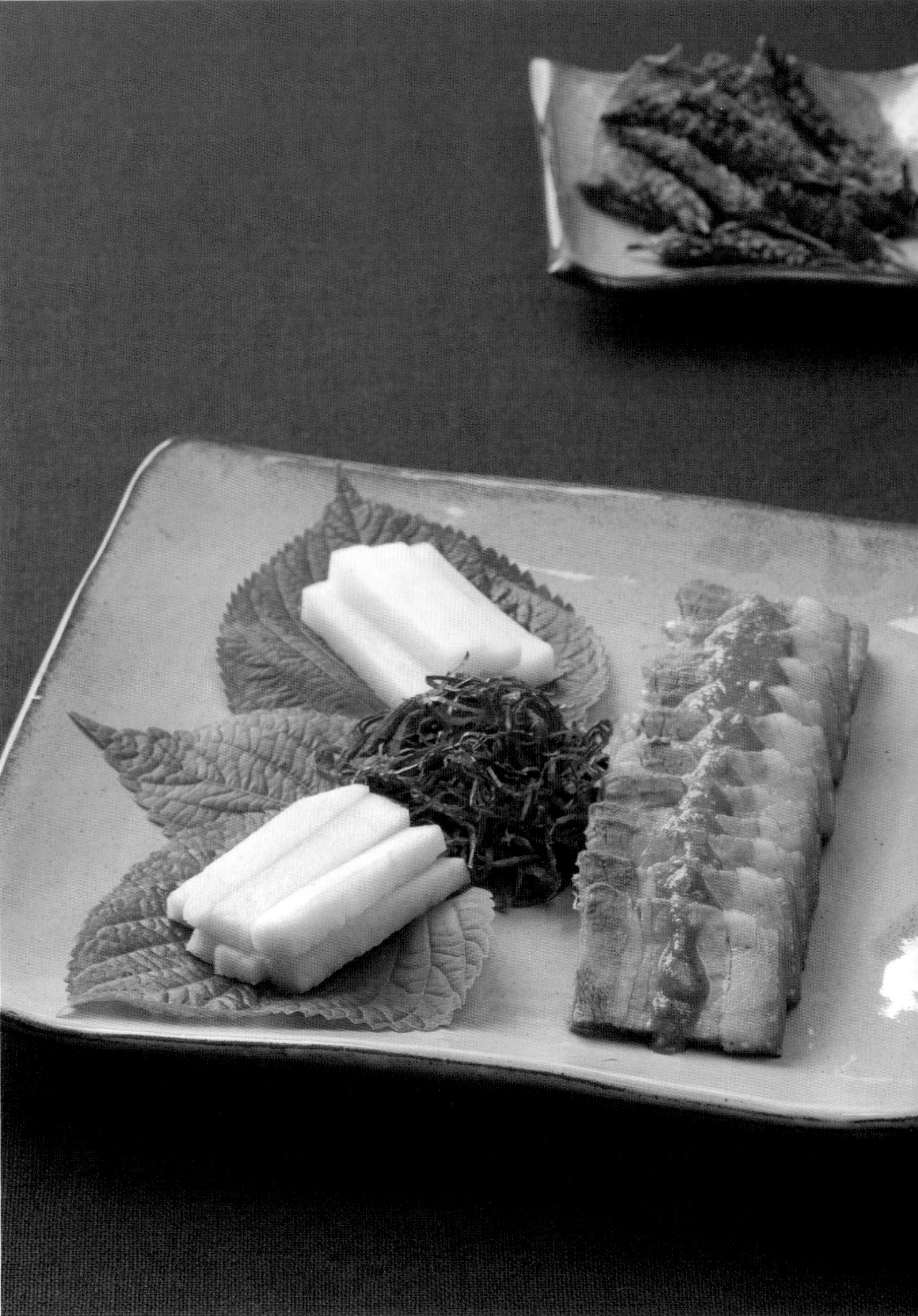

저체중

하고초상엽삼겹쌈(夏枯草桑葉煲五花肉)

음허 체질이나 음액이 부족한 사람에게 적합하다. 열병 후에 진액이 마른 사람이나 대변이 건조하고 마른기침을 하는 사람에게 효과가 좋다. 또한 피부를 윤택하게 하고 음허화왕(陰虛火旺)으로 인한 갱년기종합증, 건조종합증, 몸이 마른 당뇨에 도움이 된다.

재료

- **식재료** : 삼겹살 200g, 사과 150g, 감자 130g, 깻잎 20g
- **부재료** : 양파 50g, 대파 30g, 마늘 10g, 생강 3g, 물 4컵
- **조림장** : 청주 2큰술, 간장 1.5큰술, 설탕 1큰술, 소금 · 후춧가루 약간
- **청국장양념** : 청국장분말 2큰술, 식초 2.5큰술, 매실액 3큰술, 참깨분말 1.5큰술, 땅콩분말 2큰술, 간장 1작은술, 소금 약간
- **약선재료** : 하고초 40g, 상엽 3g

만드는 법

1_ 냄비에 물 4컵을 넣고 삼겹살, 하고초, 상엽, 양파, 대파, 마늘, 생강을 넣고 40분 정도 삶는다.
2_ 삼겹살을 건져서 청주, 간장, 설탕, 소금, 후추를 넣고 살짝 조린다.
3_ 감자는 껍질을 벗겨 막대 모양으로 썰어 삶아 둔다.
4_ 깻잎은 곱게 채 썰고, 사과는 감자와 같은 모양으로 썬다.
5_ 청국장양념장을 골고루 섞는다.
6_ 조린 삼겹살은 0.5cm 두께로 일정하게 썬다.
7_ 접시에 삼겹살 썬 것, 깻잎, 사과, 감자를 모둠으로 각각 담고, 청국장양념장을 삼겹살 위에 뿌리거나 한쪽에 곁들인다.
8_ 앞접시를 준비해 삼겹살과 각종 채소, 과일을 싸서 먹도록 한다.

배합분석

돼지고기는 성질이 한(寒)하고 풍부한 동물성 단백질을 함유하고 있어 혈(血)을 보(補)하는 효능이 있다.
하고초는 간의 열을 내리게 하면서 막힌 것을 뚫어주는 기능이 있어 혈압 강화에 좋다.
상엽은 풍열을 없애고 폐의 기운을 맑게 하고 윤택하게 하며 간양(肝陽)을 안정시키고 눈을 밝게 한다.

Tip

삼겹살 조림은 겉 부분만 살짝 조려지도록 한다.

저체중

연잎오골계찜 (蓮葉炖烏骨鷄)

신장(腎臟)과 간을 보하는 약선으로 기혈(氣血)을 보하고 자양(滋養) 효과가 좋아 오랫동안 몸이 손상되어 기력이 쇠약한 사람들에게 효과가 있다.
부인들의 음허(陰虛)로 인해 허열(虛熱)이 나고 시력이 감퇴되며 산후 허약한 체질을 개선시키는 효과가 있다. 또한 어르신들의 허약한 체력을 보충하고 마른기침을 하거나 수술 후 허약해진 몸에도 좋은 약선이다.

재료

- **식재료** : 오골계 500g
- **부재료** : 찹쌀 100g, 해삼 40g, 전복 40g, 마른 관자 20g, 중새우 20g, 대파 20g, 생강 10g, 콩기름 1L, 간장 2큰술, 청주 2큰술, 소금 1/3작은술, 생수 1/2컵, 감자전분 1큰술
- **약선재료** : 연잎 20g, 대추 10g, 인삼 10g, 팔각 5g

만드는 법

1_ 오골계는 손질하여 끓는 물에 살짝 데쳐 식힌 후, 표면에 간장을 발라 170℃에 튀겨 식혀둔다.
2_ 인삼, 전복, 해삼은 정육면체로 썬 다음 오목한 그릇에 마른 관자와 함께 넣어 찹쌀과 혼합하여 오골계 속을 채워준다.
3_ 연잎에 2의 재료를 놓고 팔각, 대추, 대파, 생강을 올려 연잎을 감싸 내열용기에 약 1시간 정도 찐다.
4_ 팬에 간장, 소금, 청주, 생수를 넣고 끓인 후 전분을 넣어 걸쭉하게 만든다.
5_ 3을 꺼내 펼친 후 팔각, 대파, 생강을 뺀 다음 4를 끼얹어 완성한다.

배합분석

오골계는 성질이 평하고 맛은 달며 간신폐경으로 들어간다. 간(肝)과 신장(腎臟)을 보하고 기혈(氣血)을 만들어주며 허열(虛熱)을 내리는 효능이 있다.
해삼, 전복, 관자는 자음보신(滋陰補腎) 작용이 있으며 노화를 예방하고 수술 후 상처를 잘 아물게 한다.
인삼, 새우는 신장의 양기(陽氣)를 보하고 혈액순환을 잘 시키는 효능이 있다.
찹쌀은 비위(脾胃)를 편하게 하며 소화 흡수를 돕는 역할을 한다.

저체중

산사삼겹찜 (山楂炖五花肉)

자음작용이 강하여 몸에 윤기가 없고 건조하며 마른 사람들에게 좋은 약선이다. 음허로 인해 허열이 나는 갱년기종합증에 도움을 준다. 또한 피부를 윤택하게 하고 신장을 튼튼하게 하며 기혈을 보하는 작용이 있어 살이 붙지 않는 사람들에게 도움이 된다.

| 재료 |

- **식재료** : 돼지고기 500g, 마늘 30g
- **부재료** : 양파 30g, 대파 10g, 생강 10g, 건고추 10g, 매실주 3큰술, 된장 1큰술
- **조림장** : 육수(약물 재료 우린 물) 2컵, 간장 2큰술, 매실주 2큰술, 설탕 1큰술, 청량고추 20g
- **겨자장** : 발효겨자 1큰술, 설탕 2큰술, 식초 2큰술, 물 3큰술, 간장 1/2큰술, 소금 약간
- **약선재료** : 산사 5g, 계피 5g, 진피 5g, 팔각 4g, 감초 2g, 정향 1g, 통후추 1g

| 만드는 법 |

1_ 돼지고기는 덩어리로 준비하여 찬물에 담가 30분 정도 핏물을 뺀다.
2_ 생강은 편으로 썰고, 대파, 양파는 큼직하게 썬다.
3_ 건고추는 반으로 갈라 씨를 제거하고, 청량고추는 큼직하게 어슷썰어 씨를 빼놓는다.
4_ 냄비에 고기가 잠길 정도의 물을 붓고 약선재료, 생강, 대파, 양파, 된장, 건고추를 넣고 팔팔 끓을 때 고기를 넣고 30분간 더 끓인다.
5_ 돼지고기가 익으면 고기는 건져내고 육수는 면포에 밭쳐 육수로 사용한다.
6_ 냄비에 조림장 재료를 넣고 끓으면 삶아놓은 돼지고기를 넣고 윤기가 나도록 조려준다. 마늘을 넣고 한 번 더 조린다. 조려진 돼지고기를 1cm 두께로 도톰하게 썰어 완성한다.
7_ 겨자장을 만들어 고기를 찍어 먹는다.

| 배합분석 |

돼지고기는 자음 작용이 강하며 건조한 것을 윤택하게 하고 기혈을 보하며 피부를 윤택하게 한다. 돼지고기와 산사를 배합하면 어혈을 풀어 멍을 빨리 없애는 효과가 있어 넘어지거나 다쳐서 멍든 데 좋다.
산사는 소화를 시켜주고 적체를 풀어주며 어혈을 풀고, 혈압, 혈지방을 낮추는 작용이 있다.
팔각은 위장의 연동 작용 촉진, 위액 분비를 왕성하게 하고 복부 내의 경련완화 작용이 있으며, 신장 기능 이상으로 인한 천식에도 쓰인다.

| Tip |

분말겨자를 40℃의 물과 1 : 1로 갠 후 발효시켜야 쓴맛이 나지 않는다.
마늘은 형태가 부서지지 않도록 살살 저어주며 익을 정도만 조린다.

IV

약선술

Ⅳ 약선술

약술(藥酒)

술은 약 기운을 운행시키고, 혈맥을 통하게 하며, 장위(腸胃)를 두텁게 하고, 피부를 윤기 있게 한다. 술의 매운맛(辛)은 기의 순환을 도와주며 폐의 사기(邪氣)를 발산(發散)시켜 주고, 쓴맛(苦)은 심장의 열을 사하(瀉下)시키고, 신맛(酸)은 신진대사를 원활히 하여 피로회복에 좋으며, 단맛(甘)은 비위(脾胃)를 완화시킬 수 있다.

술 빚기에 주로 사용하는 멥쌀은 위기(胃氣)를 고르고 살지게 하며 속을 따뜻하게 한다.

찹쌀은 성질이 차지만 술을 담그면 뜨겁게 되고 술지게미는 따뜻하고 성질이 평(平)하다. 누룩(麴)은 위기(胃氣)를 고르게 하고 곡식을 소화시킨다.

별도로 한의학에서 약용으로 쓰이는 신국(神麴)은 비(脾)를 튼튼하게 하며 수곡(水穀)을 소화시킨다.

술의 재료는 주로 멥쌀, 찹쌀을 사용하나 지역적으로 재배되는 작물에 따라 보리, 기장, 수수, 옥수수, 고구마 등으로 빚기도 하고, 계절과실을 이용하기도 한다.

약재를 사용할 경우 "술에는 여러 가지가 있으나, 오직 쌀술(米酒)만 약으로 쓴다. 찹쌀에 맑은 물과 흰 밀가루 누룩을 넣어서 만든 술이 좋다"는 《동의보감》의 이론을 적용하여 약술을 빚는 것이 몸에 이롭다.

술을 빚을 때는 곡류로만 빚는 순곡주가 있고, 술에 향기를 부여하는 가향주(佳香酒)와 여러 가지 약재를 술에 넣어 약성의 흡수를 높여주는 약용약주(藥用藥酒)가 있다.

향기를 부여하는 가향재(佳香材)의 재료로는 향이 좋은 꽃이나 과실 등이 있고, 약용약재(藥用藥材)의 재료는 한방에서 사용하는 대부분의 약재들을 모두 사용하지만 주변에서 쉽게 구할 수 있는 식용 가능한 재료들을 사용해 술을 빚는 경우가 많다.

특기할 만한 약재로 초근목피(草根木皮) 외에 동물성 재료인 황구(黃狗-무술주), 녹두(鹿頭-녹두주), 고아(羔兒-고아주)를 삶은 물로 술을 빚어 양기(陽氣)와 기혈(氣血)을 보했는데 이런 재료를 이용한 술 빚기는 현재까지 이어지고 있다.

또한 약재는 누룩을 발효시킬 때 초재(草材)로 사용되기도 하고 반죽할 때 첨가되기도 한다. 초재(草材)는 주로 잎이 많이 사용되고, 반죽 시에는 약재를 가루 내어 부재료로 첨가하거나 즙이나 달인 물을 양조주 대신 사용한다.

가향재(佳香材)와 약용약재(藥用藥材)는 술 빚는 과정 중이나 후에 투입하게 된다.

각각의 재료 특성과 음용목적에 따라 여러 가지 사용 방법이 있다.

간접적으로는 향이 진한 꽃이나 과실, 과실 껍질을 천 주머니에 담아 술 항아리 위에 매달아 재료의 향기만 술에 부여하는 화향입주법(花香入酒法)이 있다.

반대로 발효 중인 술덧 속에 넣는 지약주중법(漬藥酒中法)이 있다.

생약재(마른 약재는 물에 불려 즙을 냄)의 즙을 내어 사용하는 교즙법(絞汁法, 도취즙법), 사용할 약재를 달여 그 물을 사용하는 탕약법(湯藥法)이 있다.

약재를 가루 내거나 잘게 잘라 술밑, 술덧에 직접 넣는 직접혼합법(直接混合法)이 있다. 또한 고두밥 찔 때 약재를 같이 찌기도 하고 별도로 찌거나 삶아 투입하는 증자법(蒸煮法)이 있는데 증자법에는 약재를 찌거나 삶아 술덧에 넣는 방법 이외에 숙성된 좋은 청주에 약재를 넣어 중탕하는 독특한 방법도 있다.

이외에 대부분의 가정에서 볼 수 있는 소주에 약재를 넣어 침출시키는 주중침

지법(酒中沈漬法)이 있다. 이때는 소주만 사용되는 것이 아니라 좋은 청주를 사용하기도 한다.

위와 같은 여러 가지 약재 투입 방법은 별개로 사용하기도 하고 혼용해 사용하기도 한다.

술을 거르고 나면 지게미가 나오는데 술지게미(糟)는 채소의 독을 풀어주고 물건을 저장할 때 썩지 않게 하고 연하게 해주기 때문에 채소를 저장할 때 많이 이용된다.

지황주
(地黃酒)

혈을 고르게 하는 지황과 십이경맥을 돕고 혈을 만들어 잘 돌아가게 하는 우슬은 혈맥을 조화롭게 한다.

❙ 재료 ❙

- **식재료** : 찹쌀 4kg, 누룩 500g, 우슬 달인 물 3L
- **약선재료** : 생지황 1근, 우슬 100g

❙ 술 빚는 법 ❙

1_ 찹쌀 4kg을 깨끗이 씻어 하룻밤 물에 불린다.
2_ 불린 쌀을 깨끗이 헹구어 시루에 넣고 생지황은 깨끗이 씻어 세절(細切)한 후 쌀 위에 얹어 50~60분간 찐다.
3_ 고두밥을 뒤집어주고 센 불로 바꾼 다음 냉수 500ml를 부어 살수한 후 10~15분간 더 찐다.
4_ 우슬은 깨끗이 씻은 후 물 5리터에 넣고 3리터가 될 때까지 달여 식힌다.
5_ 고두밥을 펼쳐 차게 식힌 후 누룩, 우슬 달인 물과 잘 치대어준다.
6_ 술 항아리에 넣어 면보로 덮고 뚜껑을 닫아준다.
7_ 따뜻한 곳에서 2~3일간 발효시킨 후 서늘한 곳에서 약 15일간 숙성시켜 거른다.

❙ *Tip* ❙

지황은 즙을 내어 사용하기도 한다.

황금미인주
(晃錦美人酒)

음양에 두루 사용하는 황칠은 세사몰이라는 면역증강 성분이 있어 몸의 저항력을 높여주고, 항산화 작용으로 노화 방지와 피부 미용에 좋고 여성들의 다이어트에도 이롭다고 한다.

| 재료 |

- **식재료** : 찹쌀 4kg, 누룩 400g, 물 2L, 증류주(35%) 12L
- **약선재료** : 황칠가지 · 잎 · 뿌리 · 껍질 총 300g

| 술 빚는 법 |

1_ 증류한 소주에 약재를 넣고 3개월간 침출시킨다.
2_ 찹쌀을 깨끗이 씻어 하룻밤 불린 후 깨끗이 헹구어 고두밥을 짓는다.
3_ 고두밥을 차게 식힌 후 누룩, 물과 고루 치댄 후 술 항아리에 넣고 발효시킨다.
4_ 3~5일 후 침출된 1을 부은 뒤 한 달 정도 발효 숙성시킨다.
5_ 거른 후 냉장 보관하여 자기 전에 한 잔(10~15ml 정도)씩 마신다.

| Tip |

황칠은 신맛이 강하다.
술로 빚을 때 황칠을 주중침지(酒中沈漬)하면 신맛이 약해진다.
효소로 발효시킨 후 술을 빚어도 좋다.

계자주
(桂煮酒)

청주(淸酒)는 땀을 내게 하고, 계지는 근육을 따뜻하게 하여 맥을 통하게 한다.
생강과 대추는 소화를 돕고 타약의 흡수를 촉진하며 꿀은 오장의 여러 부족함을 편안히 해준다. 기를 보충하고 복부와 손발을 따뜻하게 해준다.

| 재료 |
- **식재료** : 청주 3L, 불린 쌀 100g
- **약선재료** : 계지 100g, 생강 50g, 대추 50g, 통후추 10g, 꿀 5큰술

| 술 빚는 법 |

1_ 큰 옹기 약탕기에 물을 붓고 끓인다.
2_ 작은 항아리에 청주와 약재를 넣고 밀봉한다.
3_ 1에 시루를 얹고 2를 올린 후 불린 쌀을 밀봉한 항아리 뚜껑 위에 올린다.
4_ 센 불에서 시작해 중불로 중탕한다.
5_ 쌀이 익어 밥이 되면 차게 식힌다.
6_ 냉장 보관하여 한 잔(20–30g)씩 음용하되 오래 두지 않는다.

| Tip |

《동의보감》에는 여름에 마시면 좋다고 나와 있다.

연소주
(蓮燒酒)

연자육은 심기를 도와 마음을 편안하게 한다.

| 재료 |

- 식재료 : 탁주 10L
- 약선재료 : 연자육 200g

| 술 빚는 법 |

1_ 옹기탕기에 탁주를 넣고 소주 고리를 올린다.
2_ 센 불로 시작해 소주가 나오기 시작하면 약불로 줄여 소주를 내린다.
3_ 처음 나오는 소주 200~250ml는 버린다.
4_ 대략 2.5L의 소주를 받은 후 6개월 정도 숙성시킨다.
5_ 4에 약재를 넣고 15~30일 정도 침출시킨다.
6_ 약재를 거른 후 냉장 보관하여 한 잔씩(20~30ml)씩 반주(飯酒)로 마신다.

| Tip |

소주를 숙성시킬 때에는 소주를 보관할 용기의 입구까지 채우고 유리나 옹기가 좋다.
위와 같이 내린 소주는 오래 숙성할수록 향과 맛이 좋다.

V

부록

약선용어 해설

간담습열(肝膽濕熱) : 간과 담에 습열이 있는 현상.
간신부족(肝腎不足) : 간과 신장의 정혈 부족을 말한다.
간신음허(肝腎陰虛) : 간과 신장의 정혈이 허약하다.
간신휴허증(肝腎虧虛證) : 간과 신장의 정혈이 고갈된 증상.
간양상항(肝陽上亢) : 간의 양기가 상승하여 항진된 것을 말한다.
간열증(肝熱證) : 간에 열이 있는 증상을 말한다.
간울(肝鬱) : 간기가 울결된 것을 말한다.
간음혈허증(肝陰血虛證) : 간의 음과 혈액이 허약한 증상.
간중열증(肝中熱證) : 간에 열이 있는 증상을 말한다.
간풍내동(肝風內動) : 간의 풍사가 안에서 무질서하게 움직이는 것을 말한다.
감비(減肥) : 다이어트를 말한다.
강근건골(强筋建骨) : 근육과 뼈를 튼튼하게 하는 효능.
개선행기(開宣行氣) : 폐의 기운을 잘 퍼지게 하면서 기운이 잘 흐르게 하는 효능.
거풍(祛風) : 풍사를 제거하는 것을 말한다.
건비거습(建脾祛濕) : 비장을 튼튼하게 하면서 습사를 제거하는 효능.
건비양위(建脾養胃) : 비장을 튼튼하게 하면서 위장의 기능을 키워주는 효능.
건비온양이수(建脾溫陽利水) : 비장을 튼튼하고 따뜻하게 하여 수액을 잘 통하게 한다.
건비이수(建脾利水) : 비장을 튼튼하게 하면서 수액을 잘 통하게 한다.
건비이습(健脾利濕) : 비장을 튼튼하게 하면서 습을 잘 통하게 한다.
건비익기(建脾益氣) : 비장을 튼튼하게 하면서 기운을 만들어주는 효능.
건비화담(健脾化痰) : 비장을 튼튼하게 하면서 담을 삭이는 효능.
건비화위(建脾和胃) : 비장을 튼튼하게 하면서 위장을 편하게 하는 효능.
관중도체(寬中導滯) : 중초를 넓혀 음식물이 정체되지 않게 한다.
기육(肌肉) : 근육에서 힘줄을 뺀 살을 말한다.
기음양허(氣陰兩虛) : 기와 음이 모두 허약한 것을 말한다.
기체혈어(氣滯血瘀) : 기운이 정체되어 어혈이 생성되는 것을 말한다.
기허낙어(氣虛絡瘀) : 기운이 허약하여 낙맥에 어혈이 생기는 증상.
기혈쌍보(氣血雙補) : 기와 혈을 모두 보하는 효능.
기화작용(氣化作用) : 삼초나 신장에서 수액을 기화하는 것을 말한다.
난간산한(暖肝散寒) : 간을 따뜻하게 하여 한사를 없앤다.
내상허손(內傷虛損) : 인체 내부가 손상되어 허약한 것을 말한다.
담(痰) : 가래와 같이 진액이나 습사가 뭉쳐 나타나는 병리산물을 말한다.
담연(痰涎) : 담과 끈끈한 침을 말한다.

담열(膽熱) : 담에 열이 있는 것을 말한다.
담탁(淡濁) : 좋지 않은 탁한 담을 말한다.
담탁고지(痰濁膏脂) : 탁한 담이 혈액을 끈끈하게 하는 현상.
담탁중조(痰濁中阻) : 탁한 담이 중초를 막아 나타나는 현상.
대보원기(大輔元氣) : 원기를 크게 보하는 것을 말한다.
도한(盜汗) : 잠을 잘 때 나오는 땀을 말한다.
두훈이명(頭暈耳鳴) : 머리가 어지럽고 귀에서 소리가 나는 증상.
배농소종(排膿消腫) : 농을 배출하여 부기를 가라앉게 하는 효능.
변증시선(辨證施膳) : 증을 구별하여 증에 알맞은 약선을 만든다.
병변(病變) : 질병 과정의 변화를 말한다.
보신장양(補腎壯陽) : 신장을 보하여 양기를 강하게 하는 효능.
보중익기(補中益氣) : 중초를 보하여 기운을 만드는 효능.
보중익기거함(補中益氣擧陷) : 중초를 보하고 기운을 만들어 기운이 가라앉는 것을 막아주는 효능.
보혈(補血) : 혈액을 보한다.
보혈양심(補血養心) : 혈을 보해서 심장을 튼튼하게 하는 효능.
보혈활혈(補血活血) : 혈액을 보하여 혈액순환을 활발하게 한다.
본허표실(本虛表實) : 정기가 부족한 것이 원인이 되어 질병이 나타나는 현상.
비기하함(脾氣下陷) : 비장의 기운이 허약하여 기운이 아래로 가라앉는 현상.
비기허증(脾氣虛證) : 비장의 기운이 허약한 증상.
비불통혈(脾不統血) : 비장의 기능이 약하여 혈을 통섭하지 못하는 현상.
비실전수(脾失轉水) : 비장이 허약하여 수액을 수송하지 못하는 현상.
비심양허(脾心兩虛) : 비장과 심장이 모두 허약한 것을 말한다.
비양허증(脾陽虛證) : 비장의 양기가 허약한 증상을 말한다.
비위습열(脾胃濕熱) : 비위에 습열이 있는 것을 말한다.
비증(痺證) : 막히는 증상을 말한다.
삼기(蔘耆) : 인삼과 황기를 말한다.
삼초기화불리(三焦氣化不利) : 삼초의 기화 작용이 잘 안 되는 것을 말한다.
생진(生津) : 진액을 만들어주는 것을 말한다.
생진개위(生津開胃) : 진액을 만들고 위장의 기능을 활발하게 한다.
선천지본(先天之本) : 부모로부터 받은 인체 생리 활동에 근본이 되는 물질.
선폐기(宣肺氣) : 폐기의 선발 작용을 말한다.
선폐이수(宣肺利水) : 폐의 선발(宣發) 작용으로 수액이 잘 통하는 것을 말한다.
소갈병(消渴病) : 현재의 당뇨병과 유사한 질병을 말한다.
소매(少寐) : 잠을 잘 이루지 못하는 증상.
소변빈삭(小便頻數) : 소변을 자주 보는 증상.
소풍청간(疏風淸肝) : 풍을 잘 소통시켜 간열을 내리는 효능.
소풍청열(疏風淸熱) : 풍을 잘 소통시켜 열을 내리는 효능.
수곡(收穀) : 음식물을 받아들이는 것을 말한다.

수렴생기(收斂生肌) : 수렴하여 살이 돋아나는 것을 말한다.
수습곤비(水濕困脾) : 수액과 습기가 많아 비장이 피곤한 현상.
수장(水腸) : 오행으로 수를 주관하는 장기, 즉 신장을 말한다.
습열(濕熱) : 열이 있는 습기.
습열곤비(濕熱困脾) : 습열이 비장을 피곤하게 하는 현상.
습탁(濕濁) : 좋지 않은 탁한 습을 말한다.
승발청양(昇發淸陽) : 맑은 양기가 위로 올라가고 발산하는 것을 말한다.
승청(昇淸) : 맑은 기운이 위로 올라가는 것을 말한다.
승청강탁(昇淸降濁) : 맑은 기운은 위로 올라가고 탁한 기운은 아래로 내려오는 것을 말한다.
신기고섭(腎氣固攝) : 신장의 기운을 새어 나가지 않게 고정시키는 것을 말한다.
신기불고(腎氣不固) : 신장의 기운이 고정되지 않고 새어 나가는 현상.
신실개합(腎失開合) : 신장의 열고 닫는 기능을 잘 하지 못하는 현상.
심간화왕(心肝火旺) : 심장과 간의 화가 왕성한 것을 말한다.
심신부교(心腎不交) : 심장과 신장이 서로 조화를 이루지 못하는 현상.
안신증지(安神增智) : 정신을 안정시키고 지력을 증강시키는 것을 말한다.
양심안신(養心安神) : 심장을 튼튼하게 하며 정신을 안정시키는 것을 말한다.
양열체질(陽熱體質) : 열이 많은 체질을 말한다.
양위생진(養胃生津) : 위를 튼튼하게 하고 진액을 만들어주는 것을 말한다.
양허음한(陽虛陰寒) : 양이 허약하여 음한이 성한 현상을 말한다.
어(瘀) : 혈액이 뭉쳐 나타나는 병리산물을 말한다.
어반(瘀斑) : 어혈이 뭉쳐 겉에 반점이 나타나는 증상을 말한다.
어체(瘀滯) : 어혈이 혈을 정체시키는 현상을 말한다.
영심안신(寧心安神) : 심장을 편안하게 하며 정신을 안정시키는 것을 말한다.
오심번열(五心煩熱) : 손바닥, 발바닥, 가슴 중앙 부위에서 열이 나는 증상.
온보비위(溫補脾胃) : 비위를 따뜻하게 하면서 보하는 작용.
온보심양(溫補心陽) : 따뜻하게 하여 심장의 양기를 보하는 효능.
온신장양(溫腎壯陽) : 신장을 따뜻하게 하여 양기를 크게 보하는 효능.
온신조양(溫腎助陽) : 신장을 따뜻하게 하여 양기를 돕는 기능.
온운비양(溫運脾陽) : 비장의 양기를 따뜻하게 하여 운화 기능을 잘 하게 하는 효능.
온위이수(溫胃利水) : 위를 따뜻하게 하여 수액이 잘 통하게 하는 효능.
온중화습(溫中化濕) : 중초를 따뜻하게 하여 습을 없애는 효능.
외사(外邪) : 외부의 기운이 인체에 들어와 질병을 일으키는 기운.
운화(運化) : 비장의 기능으로 영양 물질을 운송하고 소화시키는 생리 기능.
울열(鬱熱) : 열이 뭉쳐 있는 현상.
위열치성(胃熱熾盛) : 위에 열이 쌓여 있는 현상.
위열편성체질(胃熱偏盛體質) : 위에 열이 많은 체질.
위완냉통(胃脘冷痛) : 위장이 차고 통증이 있는 증상.
위완부(胃脘部) : 위장의 위쪽에 있는 부분.

윤조화중(潤燥和中) : 건조한 것을 윤택하게 하여 중초를 편하게 하는 효능.
이뇨배석(利尿排石) : 소변을 잘 통하게 하여 결석을 배출시키는 효능.
이뇨소종(利尿消腫) : 소변을 잘 통하게 하여 부기를 가라앉게 하는 작용.
이명(耳鳴) : 귀에서 소리가 나는 증상.
이수(利水) : 수액을 잘 통하게 하는 것을 말한다.
이수삼습(利水滲濕) : 습을 잘 통하게 하고 습을 빠져 나가게 하는 효능.
이수소종(利水消腫) : 수액이 잘 통하여 부기를 없애는 효능.
이습퇴황(利濕退黃) : 습을 잘 통하게 하여 황달을 없애는 효능.
익기섭혈(益氣攝血) : 기운을 보하여 혈을 밖으로 나가지 않게 하는 효능.
익정명목(益精明目) : 정을 자양하여 눈을 밝게 하는 효능.
자간음(滋肝陰) : 간의 음을 자양하는 작용.
자보간신(滋補肝腎) : 간과 신장을 자양하고 보하는 작용.
자보신음(滋補腎陰) : 신장의 음을 자양하고 보하는 작용.
자음보신(滋陰補腎) : 음을 자양하여 신장을 보하는 작용.
자음생진(滋陰生津) : 음을 자양하여 진액을 만드는 작용.
자음식풍(滋陰熄風) : 음을 자양하여 풍을 가라앉게 하는 작용.
자음윤폐(滋陰潤肺) : 음을 자양하여 폐를 윤택하게 하는 작용.
자음청열(滋陰清熱) : 음을 자양하여 열을 내리는 작용.
자한(自汗) : 식은땀을 말한다.
조백맥(朝百脈) : 폐의 생리 기능으로 모든 맥이 폐로 모이는 작용.
조습건비(燥濕建脾) : 습을 말리고 비장을 튼튼하게 하는 효능.
조습화담(燥濕化痰) : 습을 말리고 담을 삭이는 효능.
조열(燥熱) : 은근하게 나타나는 열을 말한다.
주소설(主疏泄) : 간의 생리 기능으로 소통하고 발설하는 작용을 말한다.
주장혈(主藏血) : 간의 주요 기능으로 혈을 저장하는 생리 기능.
중기하함(中氣下陷) : 중초의 기운이 허약하여 아래로 처지는 현상.
중초(中焦) : 삼초의 중간에 있는 장부로 비위가 있는 곳을 말한다.
중초(中焦) : 육부 중 하나로 내장을 담고 있는 기관.
중초습열(中焦濕熱) : 습열이 중초에 쌓여 있는 현상.
지갈(止渴) : 갈증을 멈추게 하는 효능.
창만(脹滿) : 더부룩한 증상.
창통(脹痛) : 기운이 밖으로 발산하는 느낌의 통증.
청간명목(清肝明目) : 간열을 내려 눈을 밝게 하는 효능.
청두명목(清頭明目) : 머리를 맑게 하고 눈을 밝게 하는 효능.
청리간담습열(清利肝膽濕熱) : 간담의 습열을 내리고 잘 통하게 하는 효능.
청서거습(清暑祛濕) : 더위를 이기고 습을 제거하는 효능.
청심강화(清心降火) : 심장의 열을 내리고 화를 가라앉게 하는 효능.
청심사화(清心瀉火) : 심장의 열과 화를 내리는 효능.

청열소풍선폐(清熱疎風宣肺) : 열을 내리고 풍을 잘 통하게 하며 폐의 선발 기능을 강하게 하는 효능.
청열이뇨(清熱利尿) : 열을 내리고 소변을 잘 통하게 하는 효능.
청열이습(清熱利濕) : 열을 내리고 습을 잘 통하게 하는 효능.
청열평간(清熱平肝) : 열을 내리고 간 기운을 안정시키는 효능.
청열해독(清熱解毒) : 열을 내리고 독을 해독하는 효능.
청열화담(清熱化痰) : 열을 내리고 담을 삭이는 효능.
청열화습(清熱化濕) : 열을 내리고 습을 없애는 효능.
청화습탁(清化濕濁) : 탁한 습을 맑게 하는 효능.
치흔(齒痕) : 혀 옆면에 이빨자국처럼 굴곡이 나타나는 증상.
통조수도(統調水道) : 폐의 기능으로 수액의 흐름을 조절하는 생리 기능.
통혈(統血) : 혈액을 혈맥 안으로 흐르게 하는 작용.
평간양(平肝陽) : 간의 양기운을 가라앉게 하는 작용.
폐실통조(肺失統調) : 폐가 조절하는 기능을 잃어버려 나타나는 현상.
폐열융성(肺熱隆盛) : 폐에 열이 많이 쌓여 나타나는 현상.
폐열진상(肺熱津傷) : 폐열이 많아 진액이 상한 현상.
풍담어조(風痰瘀阻) : 풍, 담, 어의 세 가지 병리 물질이 일으키는 증상.
한체간경(寒滯肝經) : 간경락에 한사가 정체되어 있는 증상을 말한다.
해독소종(解毒消種) : 독을 해독하고 부기를 가라앉게 하는 효능.
행기지통(行氣止通) : 기운을 잘 흐르게 하여 통증을 없애는 작용.
행수작용(行水作用) : 수액를 잘 흐르게 하는 작용.
허열(虛熱) : 음이 허약하여 나타나는 열을 말한다.
허증(虛證) : 정기가 쇠약하여 나타나는 증상을 말한다.
현맥(弦脈) : 맥이 피아노줄처럼 뛰는 현상을 말한다.
현훈(眩暈) : 눈앞이 어지러운 증상을 말한다.
혈어(血瘀) : 혈액이 뭉치는 현상을 말한다.
혈체(血滯) : 혈액의 흐름이 정체되는 것을 말한다.
홍수맥(洪數脈) : 맥이 크고 빠르게 뛰는 현상을 말한다.
화담(化痰) : 담을 삭이는 작용을 말한다.
화담거습(化痰祛濕) : 담을 삭이고 습을 제거하는 작용.
화담거풍(化痰祛風) : 담을 삭이고 풍을 제거하는 작용.
화담건비(化痰健脾) : 담을 삭이고 비장을 튼튼하게 하는 효능.
활혈이수(活血利水) : 혈액을 활발하게 하고 수액을 잘 통하게 하는 효능.
흉비(胸痞) : 가슴에 덩어리가 있는 것 같은 갑갑한 질병을 말한다.

식품 원재료 구분표

번호	재료명	이명	원초사진	약선재료	효능
1	감 초	극로/ 미초			보비익기(補脾益氣), 거담지해(祛痰止咳), 완급지통(緩急止痛), 청열해독(清熱解毒), 조화제약(調和諸藥) 작용이 있으며 심기, 비기부족, 기침, 복통에 효과가 있다.
2	겨우 살이	상기생/ 기생목/ 유기생			거풍습(祛風濕), 보간신(補肝腎), 강근골(强筋骨), 안태(安胎) 작용이 있으며 오래된 풍습병이나 간과 신장이 허약한 사람들에게 효과가 있으며 고혈압, 태동불안에 효과가 있다.
3	결명자	결명씨/ 초결명/ 아녹두		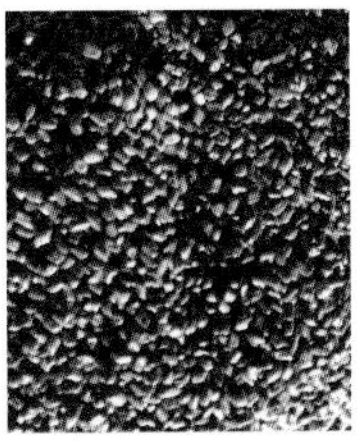	청열명목(清熱明目), 윤창통변(潤脹通便) 작용이 있으며 간열로 인한 고혈압에 효과가 있고 어지럼증이나 눈이 자주 충혈되는 사람들에게 효과가 좋다. 또한 변비에 효과가 있다.
4	귤껍질	진피			이기건비(理氣建脾), 조습화담(燥濕化痰) 작용이 있으며 비위기체로 인한 복통설사, 구토에 효과가 있고 가래로 인한 기침, 흉통에 좋다.
5	꿀 풀	하고초		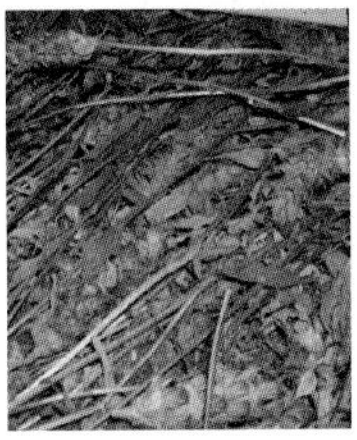	청열사화(清熱瀉火), 산결소종(散結消腫), 명목(明目) 작용이 있으며 간화상염(肝火上炎)으로 인한 고혈압, 눈충혈 등에 효과가 있으며 각종 결절, 유선염, 임파선염 등에 효과가 있다.

번호	재료명	이명	원초사진	약선재료	효능
6	녹각	사슴뿔			보신조양(補腎助陽), 강근건골(强筋建骨) 작용이 있으며 어린이 성장발육을 촉진시키고 혈액순환을 활발하게 하며 산후어혈 배출에 도움이 되고 요통, 유정, 하지무력증에 효과가 있다.
7	당귀	대당귀/참당귀	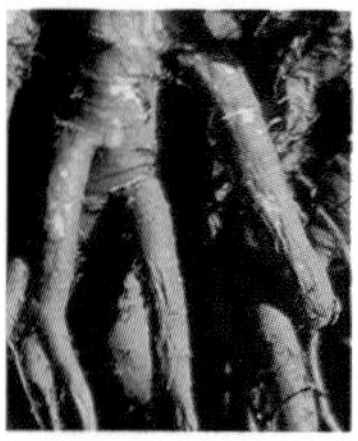		보혈조경(補血調經), 활혈지통(活血止痛), 윤장통변(潤腸通便) 작용이 있으며 혈액 부족으로 인한 질환이나 어혈, 생리통, 생리불순, 폐경 등 부인과 질환에 효과가 있다.
8	대추	대조/간추/홍추			보중익기(補中益氣), 양혈안신(養血安神) 작용이 있으며 비장이 허약하여 무기력하거나 몸이 마른 사람들에게 효과가 있으며 히스테리로 인한 불안, 초조, 불면증에 도움이 된다.
9	더덕	양유근/산해라	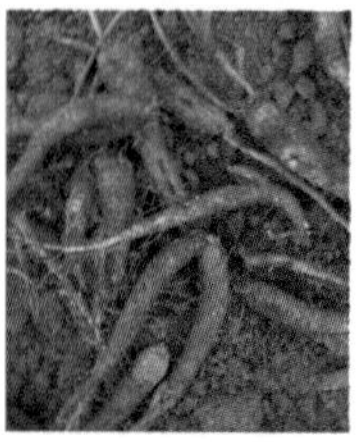		양음청폐(養陰淸肺), 청위생진(淸胃生津) 작용이 있으며 폐음허로 인해 마른기침을 하거나 목이 자주 쉬는 사람들에게 좋고 위음이 허약하여 빨리 배가 고프고 대변이 건조한 사람들에게 효과가 있다.
10	만삼	당삼/적삼			보비폐기(補脾肺氣), 보혈(補血), 생진(生津) 작용이 있으며 비장과 폐의 기운을 보하는 작용이 강해 인삼 대용으로 많이 사용한다. 기혈이 모두 부족하여 나타나는 무력증이나 어지럼증에 효과가 있다.

번호	재료명	이명	원초사진	약선재료	효능
11	맥문동	맥동	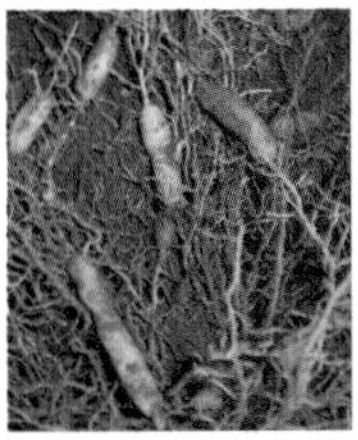		양음생진(養陰生津), 윤폐청심(潤肺淸心) 작용이 있으며 위음부족으로 목이 마르거나 폐음부족으로 인한 마른기침에 효과가 있으며 심음허로 인한 건망증, 불면증, 심계정충에 효과가 있다.
12	메밀	교맥			건비소적(建脾消積), 하기관창(下氣寬脹), 해독염창(解毒斂脹) 작용이 있으며 식체, 설사, 이질, 냉대하, 도한, 자한, 포진, 단독, 탕상 등에 효과가 있다.
13	백작약	함백꽃			양혈염음(養血斂陰), 유간지통(柔肝止痛), 평억간양(平抑肝陽) 작용이 있으며 간혈허로 인한 생리불순, 현훈에 좋고 간기울결로 인한 옆구리통증, 중풍에 효과가 있으며 도한, 자한에도 좋다.
14	백 출	삽주			건비익기(建脾益氣), 조습이뇨(燥濕利尿), 지한(止汗), 안태(安胎) 작용이 있으며 수종이나 습이 많고 소화가 잘 되지 않는 사람들에게 유익하고 자한이나 태동불안에 효과가 있다.
15	백편두	제비콩			보비화중(補脾和中), 화습(化濕) 작용이 있으며 습이 많고 소화가 잘 되지 않고 배가 더부룩한 사람들에게 유익하며 토사곽란이나 냉이 많은 부인들에게 효과가 있다.

번호	재료명	이명	원초사진	약선재료	효능
16	복령	백복령/적복령			리수소종(利水消腫), 삼습(滲濕), 건비(建脾), 영심(寧心) 작용이 있으며 수종, 담음, 심계, 불면증에 효과가 있고 비장이 허약하여 설사를 자주하고 권태감이 있는 사람들에게 효과가 있다.
17	복분자	복금자/산딸기			고정축뇨(固精縮尿), 익간신명목(益肝腎明目) 작용이 있으며 요실금, 유정, 빈뇨, 양위, 불임증 등에 효과가 있다.
18	붉은 동충하초	밀리/타리스			보신익폐(補腎益肺), 지혈화담(止血化痰) 작용이 있으며 양위, 유정, 요슬산통에 효과가 있으며 기침과 천식에 좋고 면역력을 증강시키는 효과가 있다. 또한 자연치유력을 높이고 항암 작용이 있으며 항피로효과가 있다.
19	산마	산약/서여/산우			보비양위(補脾養胃), 생진익폐(生津益肺), 보신섭정(補腎攝精) 작용이 있으며 비장의 기운허약으로 인한 식욕부진, 폐허로 인한 기침, 천식, 신허로 인한 요실금, 하지무력증, 유정에 효과가 있다.
20	산사	적과자/당구자			소식화적(消食化積), 행기산어(行氣散瘀) 작용이 있으며 식체, 소화불량, 복부 팽만감에 좋고 고지혈증이나 어혈이 몸에 남아 있을 때 효과가 있으며 복통, 생리통에 효과가 있다. 특히 다이어트에 효과가 있다.

번호	재료명	이명	원초사진	약선재료	효능
21	산 초	조피나무/좀피나무			방향건위(芳香健胃), 온중산한(溫中散寒), 해어성독(解魚腥毒), 살충(殺蟲) 작용이 있으며 한사로 인한 복통을 치료하고 소화를 도우며 구토설사를 예방하는 효과가 있다.
22	삼백초	백화련/백면골			청열이뇨(淸熱利尿), 해독소종(解毒消腫) 작용이 있으며 수종, 요로감염, 냉대하, 황달, 옹종, 피부습진, 동맥경화 예방에 효과가 있다. 또한 고혈압, 각기병에도 도움이 된다.
23	생 강	건강/포강			해표산한(解表散寒), 온중지구(溫中止嘔), 온폐지해(溫肺止咳) 작용이 있으며 풍한감기나 비위가 차서 구토증상이 나타날 때 혹은 폐가 차서 생기는 기침에 효과가 있다.
24	생지황	지황뿌리			청열량혈(淸熱凉血), 양음생진(養陰生津), 지혈(止血) 작용이 있으며 몸에 번열이 나거나 하혈 등 각종 출혈증상에 효과가 있다. 내열로 인해 진액이 손상되어 갈증이 자주 나타나는 사람들에게 효과가 있다.
25	소나무잎	송엽			강장(强壯), 거풍(祛風), 강심(强心), 명목(明目) 작용이 있으며 정신을 안정시키고 고혈압에 효과가 있다. 불면증, 심장병, 습진, 소양증에 효과가 있다.

번호	재료명	이명	원초사진	약선재료	효능
26	쇠무릎	우슬			활혈통경(活血通經), 보간신(補肝腎), 강근골(强筋骨), 이수통임(利水通淋) 작용이 있으며 타박상, 관절염, 어혈로 인한 폐경, 생리통, 생리불순에 효과가 있다. 하지무력증, 수종, 소변불리에 효과가 있다.
27	수삼	생삼			대보원기(大補元氣), 보비익폐(補脾益肺), 생진(生津), 안신익지(安神益智) 작용이 있으며 오래된 병에 원기가 손상된 사람에게 효과가 좋고 오장의 기운을 보하며 진액부족으로 갈증이 나며 기운이 없는 사람에게 좋다.
28	숙지황	–			보혈양음(補血養陰), 전정익수(塡精益髓) 작용이 있으며 혈허로 인한 현훈, 심계, 불면증, 생리불순, 하혈 등에 효과가 있으며 허약한 체질을 보하는 작용이 강하고 특히 부인병에 효과가 좋다.
29	오가피	오갈피			거풍습(祛風濕), 보간신(補肝腎), 강근골(强筋骨), 이수(利水) 작용이 있으며 풍습성 관절염이 있거나 연로하신 어르신들의 허약체질을 개선하고 어린이들의 발육을 촉진시키는 효과가 있다. 수종이나 각기병에 효과가 있다.

번호	재료명	이명	원초사진	약선재료	효능
30	오미자	현급/ 회급/ 오매자			수렴고섭(收斂固攝), 익기생진(益氣生津), 보신영심(補腎寧心) 작용이 있으며 오래된 기침이나 천식에 좋고 자한, 도한에 효과가 있으며 설사를 멈추게 하고 유정, 소갈증, 심계, 불면증, 다몽 등에 효과가 있다.
31	오 매	훈매/ 매실			염폐지해(斂肺止咳), 섭창지사(攝脹止瀉), 안회지통(安蛔止痛), 생진지갈(生津止渴) 작용이 있으며 오래된 기침이나 설사, 이질에 효과가 있다. 또한 기생충으로 인한 복통, 구토증에 효과가 있고 허열이 오른 소갈병에 좋으며 하혈이나 혈변에 효과가 있다.
32	옥수수 수염	옥미수/ 옥발			이수소종(利水消腫), 이습퇴황(利濕退黃) 작용이 있으며 혈압과 혈당을 내리고 청열작용이 있다. 황달에 효과적이고 수종에도 효과가 있으며 여름철 음료로 적합하다.
33	옥죽	둥굴레			양음윤조(養陰潤燥), 생진지갈(生津止渴) 작용이 있으며 폐음과 위음을 보하는 작용이 강하다. 따라서 가래가 적고 마른기침을 하는 사람이나 소갈병환자에게 좋다.

번호	재료명	이명	원초사진	약선재료	효능
34	어성초	약모밀/취저소			청열해독(淸熱解毒), 소옹배농(消癰排膿), 이뇨통임(利尿通淋) 작용이 있으며 폐열로 인한 흉통, 각혈, 옹종에 효과가 있다. 외용약으로도 많이 사용한다. 습열로 인한 소변동통, 소변불리, 냉대하에도 효과가 있다.
35	연자육	연밥			고정지대(固精止帶), 보비지사(補脾止瀉), 익신양심(益腎養心) 작용이 있으며 허증으로 오는 유정, 냉대하, 설사, 심계, 불면증, 소화불량에 효과가 있다.
36	용안육	계원/안육			보익심비(補益心脾), 양혈안신(養血安神) 작용이 있으며 정신적인 피로로 인한 건망증, 불면증, 무서움증이나 심혈부족으로 인한 제반증상에 효과가 있다.
37	으름덩굴	목통			이뇨통림(利尿通淋), 청심화(淸心火), 통경하유(通經下乳) 작용이 있으며 습열이 쌓여 나타나는 수종, 소변불리에 효과가 있다. 심화로 인한 입안의 창상에 좋고 모유가 잘 나오지 않는 산모에게 효과가 있다.
38	은 행	백과			염폐화담정천(斂肺化痰定喘), 지대축뇨(止帶縮尿) 작용이 있으며 가래가 많은 기침이나 천식에 효과가 좋고 여성의 냉대하를 줄이고 유정, 요실금에 효과가 있다.

번호	재료명	이명	원초사진	약선재료	효능
39	잔대	남사삼/딱주/선주			양음청폐(養陰淸肺), 청위생진(淸胃生津), 보기(補氣), 화담(化痰) 작용이 있으며 폐음허로 인해 마른기침을 하는 사람이나 위음이 허약하여 목이 마르고 대변이 건조한 사람에게 효과가 있다.
40	잣나무	잣/송자/실백			윤창통변(潤脹通便), 윤폐지해(潤肺止咳) 작용이 있으며 장이 건조해서 나타나는 변비나 폐가 건조해서 나타나는 기침에 효과가 있다.
41	정향	웅정향/정자향			온중강역(溫中降逆), 산한지통(散寒止痛), 온신조양(溫腎助陽) 작용이 있으며 위가 차서 나타나는 구토, 완복냉통, 양위, 자궁냉통, 풍한습비, 비위허한 등에 효과가 있다.
42	질경이	차전초/하마초/길짱구			이뇨통림(利尿通淋), 삼습지사(滲濕止瀉), 명목(明目), 거담(祛痰) 작용이 있으며 소변불리, 수종, 설사에 효과가 있다. 또한 간열로 인한 안구충혈이나 눈앞이 흐려지는 증상에 효과가 있다.
43	천마	수양우/정풍초/적전근			식풍지경(息風止痙), 평억간양(平抑肝陽), 거풍통락(祛風通絡) 작용이 있으며 간풍내동으로 인한 경련, 어지럼증, 두통, 사지마비, 반신불수, 언어장애, 류마티스관절염, 소아경기에 효과가 있다.

번호	재료명	이명	원초사진	약선재료	효능
44	천문동	천동/명천동/대당근/문		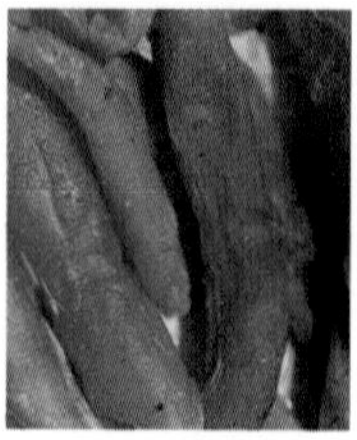	양음윤조(養陰潤燥), 청폐생진(淸肺生津) 작용이 있으며 폐음부족으로 인한 기침, 각혈, 인후통에 좋고 신음부족으로 인한 현훈, 이명에 효과가 있다. 열병을 앓은 후 진액손상으로 인한 제반증상에 효과가 있다.
45	팔각향	대회향			산한지통(散寒止痛), 이기화위(理氣和胃) 작용으로 복부냉통, 생리통, 소화불량, 구토, 탈창에 효과가 있다. 주로 향신료로 많이 쓰인다.
46	패모	절패모		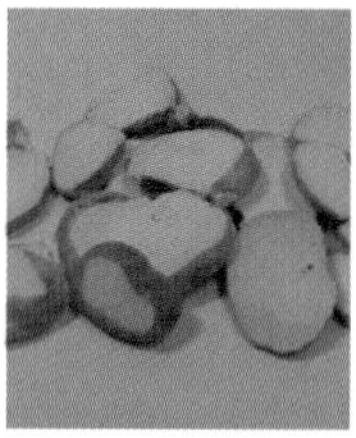	청열화담(淸熱化痰), 산결소옹(散結消癰) 작용이 있으며 풍열, 담열로 인한 기침에 효과가 있으며 가래를 삭이는 효능도 있다. 또한 임파선 결절이나 유옹, 폐옹 등에도 효과가 있다.
47	하엽	연잎			청서이습(淸暑利濕), 승양지혈(乘陽止血) 작용이 있으며 더위를 이기게 하고 비장이 허하여 나타나는 설사를 멈추게 하며 각종 출혈증상에 효과가 있다.
48	홍삼	–			홍삼은 인삼과 그 효능과 작용이 비슷하나 일부 유효성분이 인삼보다 많다. 또한 부작용이 그만큼 줄어든다.

번호	재료명	이명	원초사진	약선재료	효능
49	홍화	잇꽃			활혈통경(活血通經), 거어지통(祛瘀止痛) 작용이 있으며 어혈로 인한 생리통, 생리불순, 폐경에 좋고 산후 어혈이 남아 있는 사람에게 효과가 있다. 또한 타박상이나 교통사고로 인해 어혈이 몸에 있거나 심장에 자통이 있는 사람에게 효과가 있다.
50	해동피	엄나무 껍질			거풍습(祛風濕), 통경락(通經絡), 평간(平肝) 작용이 있고 풍습성 관절염이나 사지마비, 요통, 근육통 등에 효과가 있다. 또한 습진이나 피부염에도 효과가 있다.
51	후추	호초			온중산한(溫中散寒), 하기소담(下氣消痰) 작용이 있으며 소화불량이나 복부냉통에 효과가 있고 토사곽란에 좋으며 담을 아래로 보내는 효과가 있어 담으로 인한 제반 증상에 효과가 있다.
52	황기	단너삼			건비보중(建脾補中), 승양거함(升陽擧陷), 익위고표(益胃固表), 이뇨(利尿), 탁독생기(托毒生肌) 작용이 있으며 기운이 없는 사람이나 식은땀이 나고 권태감이 있을 때 효과가 있으며 상처를 잘 아물게 한다.

번호	재료명	이명	원초사진	약선재료	효능
53	행인	살구씨			윤폐정천(潤肺定喘), 생진지갈(生津止渴), 윤창통변(潤脹通便) 작용이 있으며 만성기관지염이나 천식, 인후염에 좋으며 장을 윤택하게 하여 변비를 해소한다.
54	하수오	큰조롱/은초롱/새조롱/곱뿌리			보익정혈(補益精血), 윤창통변(潤脹通便) 작용이 있으며 머리를 검게 하고 불면증, 건망증에 효과가 있으며 요슬하지무력증, 조로, 현훈, 불임증에 좋고 허약한 체질을 개선하는 효과가 있다.

참고문헌

건강과 치료를 위한 약선영양, 박성혜 · 박성진, 도서출판 정담, 2007년
건강약선조리, 박성혜 외 다수, 지구문화사, 2011년
도호식료본초학, 양승, 도서출판 씨제이씨, 2009년
도호약선조리학, 양승, 백산출판사, 2007년
맛있는 동의보감, 지명순, 대왕사, 2011년
먹으면 치료가 되는 음식 672, 신재용, 북플러스, 2012년
미미약선(美味药膳), 北京新东方烹饪学校, 中国中医药出版社, 2005년
방제학(方剂学), 段富津, 上海科学技术出版社, 1995년
백련으로 만드는 사찰음식, 선오스님, 운주사, 2008년
병을 고치는 음식이야기, 미래의학연구소, 2001년
생활건강요리, 김형렬 · 박영희 · 이원갑, 대왕사, 2012년
식료중약약물학(食疗中药药物学), 苗明三, 科学出版社, 2001년
식품동의보감, 유태종, 아카데미북, 2005년
아름다운 건강미인 만들기, 윤혜경 외 다수, 광문각, 2008년
약선음식, 전순실 외, 문운당, 2008년
약선의 사계, 조여원 · 조금호 · 김윤경 공동편집, 경희대학교 임상연구소, 2009년
약선조리이론과 실제, 조정순 외, 교문사, 2011년
약이 되는 우리음식, 조금호 · 조여원, 교문사, 2005년
약이 되는 음식, 옥도훈 외, 삼성출판사, 2007년
오색으로 먹는 약선, 조여원 · 조여원 편집, 경희대학교 임상연구소, 2005년
외식창업 메뉴, 이재규 외, 석학당, 2007년
우리 음식의 사상체계 속 장수문화, 농심음식문화원, 2009년
우리의 한방건강요리, 김형렬, 대왕사, 2010년
음선본초경(饮膳本草经), 温信子, 军事医学科学出版社, 2005년
음식동의보감, 신재용, 학원사, 2007년
음식본초양생(饮食本草养生), 高建伟, 九洲出版社, 2005년
전통사찰음식, 적문, 우리출판사, 2002년
조선왕조 궁중음식, 황혜성, 사단법인 궁중음식연구원, 2004년
중국약선대전(中国药膳大全), 彭铭泉, 青岛出版社, 2000년
중국약선변증론치학(中国药膳辨证论治学), 周文泉 외 3명, 人民卫生出版社, 2002년
중약학(中藥學), 高學敏 외 다수, 中国中医药出版社, 2002년
중약학(中药学), 高学敏, 中国中医药出版社, 2002년

중의기초이론(中医基础理论), 孙广仁 외 다수, 中国中医药出版社, 2002년
중의식료학(中醫食療學), 倪世美 · 金國梁 외 16명, 中国中医药出版社, 2004년
중의약선학(中医药膳学), 谭兴贵 외 17명, 中国中医药出版社, 2003년
중의음식영양학(中医饮食营养学), 翁维健, 上海科学技术出版社, 1991년
중화식물양생대전(中华食物养生大全), 王焕华, 广东旅游出版社, 2006년
진단학(診斷學), 朱文鋒 외 다수, 中国中医药出版社, 2002년
초근목피약선, 권민경 · 김유진 · 이순옥 · 곽준수, 백산출판사, 2007년
한 · 중 · 일의 식생활과 약선, 동아시아식생활학회, 2011년
한국본초도감, 안덕균, ㈜교학사, 2006년
한국음식의 미학, 최은희 외, 백산출판사, 2010년
한방식이요법학, 김호철, 경희대학교출판국, 2003년
한방약리학, 한종현 · 김기영, 의성당, 2004년
한의학에서 바라본 농산물 Ⅰ, Ⅱ, 김종덕, 부경대학교 출판부, 2005년

■ 저자 소개

양 승

중의학박사
전: 서울롯데호텔 조리부
현: 한국국제음식양생협회 회장, 세계중탕약선연구소 소장, 도호약선연구원 원장
저서: 도호약선조리학, 도호식료본초학, 약선건강요리100선
건강과 행복을 위한 건조식품 만들기, 오쿠를 이용한 웰빙요리

이영남

이학박사(식품영양학)
전: (사)대한영양사협회장, (사)동아시아식생활학회장, 대한민국 훈장(동백장) 수상
현: 경희대학교 호텔경영대학 명예교수, (사)대한약선협회 부회장
저서: 기초영양학, 임상영양학, 떡으로 본 성서, 마늘의 세계, 밥과 한국인

윤옥현

이학박사(조리학 전공)
현: 김천대학교 식품영양학과 교수, 김천대학교 생명과학연구소 소장
저서 : 한국조리실습, 식사요법, 식생활관리학, 임상영양학, 푸드코디네이션

신미혜

이학박사(조리학 전공)
전: (주)세종호텔 한식조리부장 역임
현: 을지대학교 식품산업외식학과 교수, 한국외식산업학회 부회장
저서 : 엄마도 모르는 양념 공식 요리법, 한국의 전통음식, 식품재료학

김민서

전: EPS 평생교육원장
현: 산야초연구소 소장, ATMS 호주 한의사, 국제약선사, 한국국제음식양생협회 이사,
미국 CAHA Aromatherapy 학술위원, 군장대학교 농식품자원관리과 겸임교수
저서 : 산야초해설가, 식품원재료 구분표, 약선요리

박경숙

이학박사(조리학 전공)
전: 천연조미료 사용과 계절식(교육연수원), 질환별 식생활관리 교육(보건소),
아동의 식습관 지도(보육정보센터)
현: 장안대학교 식품영양과 교수
저서 : 한국조리, 식생활관리, 기초외국조리

조선의

전: 경남산업대학원, 대림대, 경민대, 안산공대 강사
현: 국제음식양생사, 음료자격검정 심사위원, 한국음식평론가협회 이사,
서울시 우리음식연구회 수석부회장

차복란

전: 중국, 말레이시아 등 국제양생요리대회 다수 참가(금상 수상)
현: 혜전대학교 호텔조리외식계열 외래교수, 차복란 발효식품 연구소장,
한국국제음식양생협회 수석부회장

김정태

전: 세종로 포럼위원, 도봉구청 실무협의회 대표
현: 한·중 미래이사협회 이사, 상하이 중식 레스토랑 대표, 조리기능장,
한국산업인력공단 실기 기능장·기사·기능사 감독 및 출제위원

이혜원

전: 중국, 말레이시아 등 국제양생요리대회 다수 참가(금상 수상)
현: 대림대학교 호텔조리과 겸임교수, 메리쿡 쿠킹스튜디오 대표, 한국국제음식양생협회 이사
저서 : 500원으로 밑반찬 만들기, 한국인의 명절요리

남상명

이학박사(조리학 전공)
전: 전북과학대학교 교수, 한국산업인력공단 국가인적자원개발컨소시엄 심사위원,
국가기술자격제도 심사위원회 조리분야 전문위원
현: 숭의여자대학교 외래교수, 국제음식양생협회 이사, 전통조리연구회 이사
저서 : 한국의 전통음식, 조리산업기사, 한국조리실무, 전통조리실습

장미란

전: 전남과학대학교 대체의학과 겸임교수
현: 시영연가 대표, 온제향가 대표

문원식

세종대학교 조리외식경영학 박사수료
전: RMI컨설팅그룹 부설연구소 유통21 책임연구원
현: (주)신세계 조선호텔 조리팀 셰프

김봉찬

전: 세종호텔 영양사
현: 약선 한가람 한정식 대표, 약선 한가람 단체급식 대표, 약선 한가람 연잎밥 공장대표
저서 : 영양사 시험문제집

변증약선

2013년 8월 15일 초판 1쇄 발행
2015년 1월 20일 초판 2쇄 발행

지은이 양 승·이영남·윤옥현·신미혜·김민서·박경숙·조선의
차복란·김정태·이혜원·남상명·장미란·문원식·김봉찬
펴낸이 진욱상·진성원
펴낸곳 백산출판사
교 정 성인숙
본문디자인 오순자
표지디자인 오정은

저자와의
합의하에
인지첩부
생략

등 록 1974년 1월 9일 제1-72호
주 소 서울시 성북구 정릉로 157(백산빌딩 4층)
전 화 02-914-1621/02-917-6240
팩 스 02-912-4438
이메일 editbsp@naver.com
홈페이지 www.ibaeksan.kr

ISBN 978-89-6183-755-2
값 28,000원